AF249963

MÉMOIRE
SUR LA CHARRUE,

CONSIDÉRÉE PRINCIPALEMENT

SOUS LE RAPPORT

DE LA

PRÉSENCE OU DE L'ABSENCE
DE L'AVANT-TRAIN;

Par C.-J.-A. MATHIEU DE DOMBASLE,

PROPRIÉTAIRE-CULTIVATEUR, CORRESPONDANT DU CONSEIL ET DE LA SOCIÉTÉ ROYALE ET CENTRALE D'AGRICULTURE.

SUIVI

De deux rapports faits à la Société, par M. HÉRICART DE THURY.

A PARIS,

DE L'IMPRIMERIE DE MADAME HUZARD

(née VALLAT LA CHAPELLE),

Rue de l'Éperon Saint-André-des-Arts, n°. 7.

1821.

Extrait des Mémoires de la Société royale et centrale d'Agriculture, *année* 1820.

MÉMOIRE
SUR LA CHARRUE,

CONSIDÉRÉE PRINCIPALEMENT

SOUS LE RAPPORT

DE LA

PRÉSENCE OU DE L'ABSENCE
DE L'AVANT-TRAIN.

§ Ier. *Examen des effets qui résultent de la présence ou de l'absence de l'avant-train de la charrue.*

La Société royale et centrale d'Agriculture, en proposant un prix à celui qui lui présenterait la meilleure charrue, a demandé à chaque concurrent un mémoire sur la théorie de cet instrument. C'était assez dire que ce qui avait été écrit jusqu'à cette époque sur ce sujet ne lui paraissait pas satisfaisant; cependant, si on considère le point où sont parvenus de nos jours les arts mécaniques et industriels, est-il croyable qu'il reste quelque chose à dire sur un sujet semblable? Les machines les plus complexes sont tous les jours soumises au calcul le plus

1*

rigoureux. Dans la machine à vapeur ; dans les nombreuses mécaniques qui servent maintenant à la filature et au tissage ; dans les machines hydrauliques les plus compliquées, il n'y a pas une des innombrables pièces qui les composent, dont l'action ne soit connue avec précision : les leviers, les frottemens, les décompositions de force, l'action du moteur et la résistance, tout est analysé, calculé ; et les hommes éclairés attendent encore une théorie de la charrue, de cet instrument antique, si simple en apparence, et qu'on rencontre à chaque pas à l'entrée de nos villes, comme dans nos campagnes les plus reculées.

La science, comme la mode, aurait-elle aussi ses caprices ? ou plutôt ne pourrait-on pas lui adresser le reproche d'une espèce de prédilection pour les nouvelles et brillantes découvertes, et d'une sorte de dédain pour ce qui n'est qu'utile, pour ce qui semble avili à ses yeux par un usage trop commun ? Un grand nombre d'observations viendraient prêter leur appui à un reproche semblable.

Depuis plusieurs siècles, nos ancêtres savaient extraire des graines céréales des boissons fermentées et spiritueuses. La chimie, qui a tout exploré dans ces temps modernes, a daigné à peine jeter un regard sur les procédés de cette branche d'industrie, dont la tradition s'est conservée dans une grande partie de l'Europe, et dans lesquelles elle aurait rencontré non-seulement des améliorations à apporter, mais aussi des observations bien intéressantes sous le rapport de la science. Les points les plus importans des procédés de cette fabrication sont encore à éclaircir; par-tout ces procédés sont abandonnés à la routine la plus aveugle. D'un autre côté, nous avons vu, dans un petit nombre d'années, naître et arriver à sa perfection l'art de former de toutes pièces l'alun, le sel ammoniac; ici, comme dans tant de branches d'industrie nouvellement créées, la marche du praticien est assurée, parce que la théorie ne lui laisse rien à désirer.

Une substance nouvelle est récemment signalée aux chimistes; en quelques mois *l'iode* est connu, apprécié, classé: son rang dans la chaîne des êtres naturels, ses combinaisons avec les autres substances, tout est déterminé avec précision. Plus récemment encore, de nouvelles combinaisons de l'oxigène viennent étonner la science elle-même, et ouvrent à l'activité des découvertes un champ dont l'œil le plus perçant ne peut encore entrevoir les limites. Les applaudissemens des hommes instruits accompagnent le savant ingénieux qui a ouvert cette carrière. Quelque vaste qu'elle soit, elle sera bientôt parcourue........; mais le pain que nous mangeons est-il analysé? Savons-nous quelle espèce d'altération les principes constituans du froment ont subie dans sa préparation?

Qu'on nous apporte de l'autre hémisphère un minéral nouveau: toutes les ressources de la science seront bientôt employées à l'analyser, sa composition la plus intime sera dévoilée à l'instant; s'il contient quelque substance encore inconnue, elle n'échappera pas à la sagacité de nos savans. Mais nous savons encore très-peu de chose sur les diverses espèces de combinaisons que les terres forment entre elles et avec l'humus, dans le sol de nos champs; cependant ces combinaisons et le mode d'aggrégation qui en résulte, influent probablement plus sur leur fertilité et sur leurs propriétés, sous le rapport de l'agriculture, que la nature même des terres qui les composent.

Nous connaissons les modifications que subissent, dans les fourneaux de nos laboratoires, presque tous les corps de la nature; mais nous ne savons presque rien sur celles qu'éprouvent, dans le foyer de nos cuisines, les substances alimentaires les plus simples. La pomme de terre cuite ne contient plus de fécule : que contient-elle ? A-t-on même cherché à le connaître ?

Si la charrue était une invention de nos jours, il est très – probable qu'elle serait beaucoup mieux connue qu'elle ne l'est : on l'aurait jugée digne d'entrer dans le domaine de la science ; quelque habile mécanicien s'en serait emparé, et la théorie ne manquerait pas pour déterminer l'action de chacune de ses parties et la forme la plus convenable à leur donner.

Ce n'est pas qu'on n'ait beaucoup dit sur la charrue dans ces derniers temps, et même qu'on n'ait dit de fort bonnes choses. On a décrit un grand nombre de ces instrumens, on a comparé leurs effets ; mais, presque toujours, comme l'a très-bien senti la Société royale d'Agriculture, on a négligé la théorie, qui était cependant le point essentiel pour rendre ces observations utiles et applicables. On a néanmoins aussi quelquefois cherché à établir cette théorie ; on a posé des principes, on en a déduit des conséquences : ces principes ont été répétés, avec trop peu d'examen peut-être, par des hommes très-éclairés. Au reste, il ne m'appartient pas de dire que, dans ce qui a été écrit sur ce sujet, il s'est glissé de graves erreurs ; j'exposerai mon opinion, en l'appuyant sur des principes de mécanique que je crois incontestables; ensuite je l'abandonnerai au jugement des hommes instruits, de ceux-là mêmes qui pourraient avoir admis jusqu'ici quelques données différentes de celles que je crois devoir établir, bien sûr de rencontrer chez eux cette impartialité qui caractérise l'homme qui ne cherche que la vérité.

Mais, moi-même, ne me serais-je pas trompé dans l'application de quelque principe? Si cela était, je m'applaudirais encore d'avoir provoqué une discussion dont le résultat certain doit être la découverte de la vérité; en effet, le caractère particulier des applications des sciences exactes est que l'erreur ne peut subsister lorsque des hommes instruits examinent attentivement la question. J'ai cherché à analyser tous les effets qui peuvent être produits par la charrue, et à les rattacher à quelques propositions de dynamique déterminées, dont l'examen, ainsi que celui des applications que j'en ai faites, seront faciles pour tout homme qui possède quelques connaissances dans ces matières; c'était le moyen de rendre la découverte de l'erreur plus facile, s'il m'est arrivé d'en commettre.

Une des questions les plus importantes qu'on puisse agiter, relativement à la charrue, est

celle qui se rapporte aux avantages et aux inconvéniens que peut présenter l'avant-train.
Dans les pays où l'on fait usage de la charrue
simple ou sans roues, on en vante beaucoup
les avantages; dans les lieux au contraire où l'on
n'emploie que la charrue à avant-train, on croit
généralement que cette partie est, sinon nécessaire, au moins très-utile à la marche de la
charrue : je n'ai pas besoin de dire que ces diverses opinions sont de peu de poids, toutes les
fois qu'elles ne sont pas fondées sur un examen
comparatif suffisant.

J'habite une province où, en général, on n'a-
vait jusqu'ici aucune idée de la charrue simple;
les cultivateurs, si on en excepte un très-petit
nombre qui avaient vu des charrues de cette
espèce dans d'autres pays, y regardaient l'avant-
train comme une partie inséparable de la charrue. J'ai étudié avec beaucoup d'attention l'action de celle qui y est en usage, et j'ai eu lieu
d'observer que plusieurs charrons la construisent avec autant de perfection qu'on peut en
espérer d'un instrument de ce genre; j'ai aussi
observé et étudié plusieurs autres des meilleures
charrues composées qui soient connues: comme
d'un autre côté je fais usage exclusivement, depuis deux ans, de charrues simples que j'ai fait

construire d'après les règles qui m'ont paru déduites des meilleurs principes sur cette matière, et que je crois avoir amenées au point de perfection dont elles sont susceptibles, je pourrais facilement résoudre par l'expérience la question de la supériorité de l'une sur l'autre de ces espèces de charrues; mais je crois devoir, pour répondre au vœu manifesté par la Société royale d'Agriculture, établir théoriquement, et d'après des principes de mécanique incontestables, les différences que peut présenter, principalement sous le rapport de la force nécessaire au tirage, la même charrue, selon qu'elle est pourvue ou dépourvue d'avant-train.

Les détails dans lesquels je serai forcé d'entrer seront un peu longs; car on s'apercevra bientôt que le plan que je me suis tracé me conduit nécessairement à examiner toutes les parties essentielles de la charrue, à étudier leur mode d'action, et à rechercher les principes d'après lesquels on doit déterminer leur forme la plus convenable. D'ailleurs, si on trouve quelque justesse dans les points de vue sous lesquels j'envisagerai l'action de cet instrument, je ne crois pas avoir besoin d'apologie, pour la longueur et la sécheresse des détails, auprès des juges auxquels ce mémoire est adressé, qui ont assez fait connaître l'importance qu'ils attachent à tout ce qui peut tendre à perfectionner cet instrument.

Il est nécessaire de présenter d'abord quelques observations sur la forme du corps de la charrue, et sur le mécanisme au moyen duquel il détache, soulève et renverse la bande de terre sur laquelle il exerce son action.

On a souvent comparé l'action du corps de la charrue dans la terre, à celle d'un coin ; on s'en fera, je crois, une idée plus précise, en imaginant sa forme dérivée de celle de deux coins accolés ou plutôt confondus ensemble à leur base, qui leur est commune. L'un que j'appellerai le coin antérieur, parce que son tranchant se trouve placé un peu en avant de celui de l'autre, a une de ses faces horizontale : c'est le plan qui est formé par la semelle ou la face inférieure du soc et du sep, ainsi que par le bord inférieur du versoir, qui touchent le fond du sillon. Le tranchant du coin, qui est horizontal et dans le même plan, est représenté par la partie tranchante du soc : au lieu d'être placé dans une position perpendiculaire à la ligne de direction de la charrue, il reçoit toujours une position plus ou moins oblique à cette direction, mais sans sortir du plan horizontal. Cette obliquité a pour but de lui donner plus de facilité à vaincre les obstacles qu'il rencontre, mais elle ne change rien à la nature du coin. La face supérieure de ce premier coin, qui, par sa position, ne peut que soulever la bande de terre de bas en haut, est représentée en partie par la surface supérieure du soc.

L'autre coin, que j'appelle le coin postérieur, est placé à angle droit sur le premier; il a une de ses faces verticale, c'est celle qui, dans les charrues ordinaires, forme la face gauche du corps de la charrue, celle qui glisse contre l'ancien guéret. Le tranchant de ce second coin se trouve placé dans un plan vertical, à la gorge de la charrue; ce second coin, par sa position, ne peut agir que latéralement, en écartant la bande de terre de gauche à droite. La partie postérieure du versoir forme l'extrémité de sa face droite, dans son plus grand écartement de sa face gauche.

Le coin antérieur exerce son action le premier; son tranchant détache la bande de terre, et sa face supérieure commence à la soulever; mais ce coin n'agit isolément que dans ce seul instant, c'est-à-dire près de son tranchant. Dès ce moment, l'action combinée des deux coins commence, la bande de terre est graduellement soulevée par le coin antérieur, et poussée vers la droite par le coin postérieur, jusqu'à ce qu'elle soit placée verticalement ; c'est-à-dire que ses deux faces, qui étaient d'abord horizontales, soient amenées dans une position verticale; dans ce dernier instant, le coin postérieur agit seul, et son action se prolonge encore un peu vers le haut, afin d'amener la bande de terre dans une position telle, que son propre poids suffise pour la renverser à droite.

Dans les charrues les plus parfaites, on a lié, ou plutôt on a remplacé par une surface courbe plus ou moins régulière, la face supérieure du coin antérieur et la face droite du coin postérieur, afin d'amener insensiblement et avec le moins de résistance possible, la bande de terre de l'extrémité antérieure de l'un, à l'extrémité postérieure de l'autre. La surface courbe qui remplirait le mieux cette indication, serait celle qu'on pourrait considérer comme engendrée par le mouvement d'une ligne droite qui, placée d'abord horizontalement sur le tranchant du coin antérieur, et se confondant avec ce tranchant, supposé pour un moment dans une position perpendiculaire à la ligne de direction de la charrue, glisserait en arrière, en s'élevant graduellement, seulement par une de ses extrémités, jusqu'à ce que, devenant verticale, elle se confonde avec la partie postérieure de la face droite du second coin, et qui même, dans la dernière partie de sa course, dépasserait un peu la verticale, afin de déterminer le renversement de la bande de terre. Par ce moyen, ce sera la même face de la bande ou du prisme de terre, qui s'est d'abord trouvée soumise horizontalement à l'action du coin antérieur, qui recevra dans une position verticale l'action de l'extrémité postérieure du second coin. Chaque point de cette face du prisme aura décrit un arc de 90° et un peu plus autour d'un centre pris dans la ligne qui forme une des arrêtes du prisme. Cette partie de la charrue sera d'autant plus parfaite, qu'elle se rapprochera davantage de la forme que je viens d'indiquer.

Les personnes qui ont étudié avec quelque attention la forme du corps de la charrue, et l'action qu'il exerce dans le labourage, admettront, je n'en doute pas, la décomposition de cette partie de l'instrument en deux coins, comme je viens de l'établir. En effet, si le corps de la charrue n'était formé que d'un coin à tranchant horizontal, celui que j'ai appelé le coin antérieur, il détacherait la bande de terre, la soulèverait verticalement, et la laisserait derrière lui retomber à la même place et dans la même position qu'elle occupait auparavant. Si, au contraire, il n'était formé que du coin postérieur, dont les deux faces sont verticales, il écarterait la bande de terre de côté, en la déplaçant seulement, sans la soulever ni la retourner en aucune manière : dans les deux cas, il n'y aurait pas de labour proprement dit. Il est évident que le corps de la charrue doit participer de ces deux modes d'action, et en effet en examinant le corps d'une charrue quelconque, on y découvre facilement les élémens de ces deux coins.

En considérant de cette manière le corps de la charrue, je vais chercher à déterminer à quel point on doit placer le centre de la résistance qu'il éprouve dans son action.

Le coin, en général, peut agir de deux manières, qu'il est nécessaire de distinguer. L'axe de mouvement du coin peut partager en deux parties égales l'angle formé par le coin : c'est là le cas le plus ordinaire. Prenons pour exemple le ciseau à deux biseaux, ou *fermoir* des menuisiers ; pour faire abstraction de l'effet de l'élasticité ou de la roideur des fibres du bois, supposons que ce ciseau est employé à diviser en deux parties à-peu-près égales une masse de matière dénuée d'élasticité, comme un morceau de savon, ou d'argile presque sèche. (*Fig.* 1re.)

Il est évident que, dans ce cas, *la ligne de la résistance* se trouvera dans l'axe même du ciseau, et passera par le tranchant même du coin: ce sera la ligne *a b*.

Le second cas est celui où la ligne de mouvement du coin se trouve parallèle à une de ses faces, comme, par exemple, dans le ciseau à un seul biseau, ou dans le *bec-d'âne* des menuisiers. (*Fig.* 2e.) Cette espèce de coin ne peut être employée que lorsqu'il s'agit de séparer d'une masse solide une tranche mince, sur une de ses faces; il est clair qu'alors la résistance ne se fait pas également sur les deux faces du coin, et que *la ligne de résistance* sera, dans le plan de la face du coin, parallèle à la ligne de mouvement, en passant toujours par le tranchant du coin. Ce sera la ligne *a b*. (*Fig.* 2e.)

Dans l'action du coin en général, il est indifférent que la puissance soit appliquée à la base du coin, par percussion ou par pression, ou au tranchant, par une force de traction ; mais dans tous les cas, pour qu'elle produise le plus grand effet possible, il est nécessaire qu'elle soit appliquée dans la direction de la ligne de résistance.

Les deux coins qui composent le corps de la charrue sont de la dernière des deux espèces dont j'ai parlé : ainsi, la ligne de résistance du coin antérieur sera *une ligne droite placée au fond du sillon, dans le milieu de sa largeur, et parallèle à sa direction;* celle du coin postérieur sera *une ligne droite placée sur la face gauche du corps de la charrue, à moitié de la profondeur du sillon et parallèle à sa direction.* Si on imagine un plan passant par ces deux lignes parallèles entre elles, la *résultante* des deux lignes de résistance se trouvera dans ce plan et à égale distance (1) des deux lignes; le point où cette *résultante* rencontre la surface supérieure du soc ou celle du versoir, sera le point que nous devons considérer comme celui où est accumulée la résistance que le corps de la charrue éprouve dans son action. Cette détermination est parfaitement conforme à celle qu'on peut déduire de l'expérience, dans la charrue

_____

(1) Je suppose ici que les résistances partielles des deux coins sont égales entre elles; si on croyait que la résistance du coin inférieur est plus considérable que l'autre, on devrait placer la *résultante* un peu plus bas, mais toujours dans le même plan, et toujours parallèlement à la direction du sillon. Cette différence serait à peine appréciable dans la pratique.

simple, d'après un principe dont je parlerai plus
bas.

Il est donc évident que, pour que la force
motrice fût employée dans la charrue de la manière la plus utile possible à vaincre la résistance, il faudrait qu'elle agît, soit en avant en
tirant, soit en arrière en poussant, mais, dans
l'un et l'autre cas, *dans le prolongement de la
ligne de résistance*, qui se trouve sous la surface
du sol, et parallèle à cette surface : il faudrait
donc que le moteur se trouvât aussi sous la surface du sol, à la même profondeur que la *ligne
de résistance*. D'après la nature du moteur qu'on
emploie pour faire agir la charrue, non-seulement il ne peut pas se placer dans le prolongement de la ligne de résistance, mais il se trouve
même à une assez grande hauteur au-dessus du
niveau du sol ; il en résulte un tirage oblique,
qui donne lieu à une décomposition de la force
motrice, et par conséquent à une perte considérable sur cette force. Le point du tirage se
trouvant placé au-dessus du sol, on est forcé,
pour maintenir le corps de la charrue à une
profondeur déterminée dans la terre, de lui
donner, ordinairement par une légère courbure
de la pointe du soc, ce que les laboureurs ap-
pellent *de l'entrure*, c'est-à-dire une tendance

vers le bas, capable de contre-balancer la tendance vers le haut que lui donne la direction de la ligne de tirage.

Le corps de la charrue se trouve placé ainsi dans une position semblable à celle d'un bateau tiré sur un canal par des chevaux qui longent le rivage. On est forcé de donner au bateau, par le moyen du gouvernail, une tendance vers la rive opposée, suffisante pour contre-balancer la tendance vers la rive où marchent les chevaux, qui lui est imprimée par la puissance. L'obliquité du tirage donne lieu à une décomposition de la force motrice, dont l'effet est bien connu des bateliers. L'analogie est parfaite ici entre la position du bateau et celle de la charrue : dans l'un comme dans l'autre cas, la direction des animaux moteurs est parallèle à la ligne de résistance ou à la ligne de direction du mobile, et le tirage se faisant par une ligne oblique entre ces parallèles, donne lieu à une déperdition de la force motrice, qui est proportionnelle à l'ouverture (1) de l'angle que ces lignes forment entre elles.

____

(1) Pour m'exprimer avec une exactitude mathématique, je devrais dire *proportionnelle au sinus de l'angle.* On comprendra facilement que, désirant mettre ces obser-

On peut conclure de là que plus est basse la partie du corps des animaux par laquelle ils exercent le tirage, moins il y a de perte de force, puisque l'angle que forme la ligne du tirage avec l'horizon devient moins ouvert. Sous ce rapport, le tirage des petits chevaux se fait avec plus d'avantage que celui des grands ; le tirage des bœufs par le joug est plus avantageux que celui des chevaux ; et cet avantage est peut-être suffisant pour balancer leur infériorité de force. Je n'insiste pas sur ces remarques, dans lesquelles je ne considère la chose que sous un seul point de vue.

La cause de décomposition de force que je viens d'indiquer est inévitable dans la charrue, parce qu'elle résulte de la nature des choses ; elle est commune aux charrues simples et aux charrues à avant-train, avec quelques modifications qu'il est important de considérer. Mais, avant d'entrer en matière sur ce sujet, il me semble nécessaire d'établir d'abord quelques propositions de dynamique d'une telle simplicité et d'une telle évidence, qu'elles au-

---

vations à la portée de toutes les classes de lecteurs, j'ai dû éviter toute expression qui ne serait pas comprise par tous. Celle dont je fais usage ici est d'une exactitude suffisante pour l'objet que je me propose.

ront, je pense, plutôt besoin d'explication que de démonstration.

1°. Dans une machine quelconque, lorsque le mouvement se transmet de la puissance à la résistance par l'intermédiaire d'un corps inflexible, la transmission du mouvement se fait dans une ligne droite, tirée du point d'application de la puissance à celui de la résistance, quelle que soit d'ailleurs la forme du corps inflexible. Par exemple, soit le corps inflexible d'une forme arbitraire $a\,e\,h\,b$ (*fig*. 3e.); la puissance étant supposée appliquée au point a, dans la direction $a\,c$, et la résistance au point b agissant dans la direction $b\,d$, la puissance exercera la même action, et imprimera au mobile le même mouvement que si elle était transmise par l'intermédiaire d'un corps solide dans lequel se trouverait la ligne droite $a\,b$, et comme si la puissance était appliquée directement au point de la résistance b.

2°. Si, outre le corps inflexible interposé entre la puissance et la résistance, on suppose un corps flexible : par exemple, si la résistance étant toujours en b (*fig*. 3e.), nous supposons la puissance appliquée à l'extrémité c d'une corde $c\,a$, les trois points, savoir : le point de la résistance, celui de la puissance, et le point où la corde est fixée au corps inflexible, que j'appelle *le point d'attache*, c'est-à-dire les trois points b c a tendront toujours à se placer dans une même ligne droite. Lorsqu'ils y seront arrivés, la puissance agira comme si elle était appliquée immédiatement à la résistance, ou comme si le point d'attache a de la corde c a se trouvait au point de la résistance b.

3°. Si l'action de la puissance ne s'exerce pas dans la direction de la résistance, il en résultera une décomposition, et par conséquent une perte dans la force motrice. Supposons, par exemple (*fig.* 4e.), que la résistance placée au point b agit dans la direction b d, le point b ne pouvant se mouvoir que dans la direction $b f$, si la puissance placée au point c agit dans la direction a c ou b c, il y aura au point b une décomposition de force proportionnelle à l'ouverture de l'angle f b c, mais entièrement indépendante de la forme du corps inflexible $a e h b$, la puissance agissant en c comme si elle était appliquée au point de la résistance b, mais dans la direction b c.

4°. En supposant toujours la résistance au point b (*fig.* 4e.), qui ne peut se mouvoir que selon la ligne $b f$, si nous supposons la puissance appliquée au point g dans la direction a g, formant avec bf ou une de ses parallèles un angle plus aigu que l'angle fbc, les trois points gab tendront toujours, selon la seconde proposition, à se placer dans une même ligne droite gb; mais si par la disposition de la machine, le point a ne peut venir prendre cette position, et si dans son mouvement il ne peut prendre que la direction ai, parallèle à df, il y aura à ce point a une nouvelle décomposition de force; une partie de la puissance g sera employée à produire au point a une pression selon ak. Dans cette disposition de la machine, il y aura donc une double décomposition de force : l'une au point b, qui est sollicitée selon la direction ba, mais qui ne peut se mouvoir que selon bf; et l'autre au point a, où une partie de la puissance exerce une pression selon ak.

Ces principes trouvent une application fréquente dans les recherches relatives au tirage de la charrue. En effet, une charrue, avec ou sans avant-train, n'est autre chose qu'un corps inflexible de forme irrégulière, par l'intermédiaire duquel l'action de la puissance se transmet à la résistance; mais outre cette partie inflexible de la machine, il y a aussi une autre partie flexible, ce sont les traits des chevaux, ou la chaîne des bœufs, depuis le point de leur corps où le tirage s'exerce, jusqu'au point de la charrue où les traits sont fixés, c'est-à-dire jusqu'au point d'attache.

Dans la charrue simple ou sans avant-train, le point d'attache se trouve toujours placé à l'extrémité antérieure de l'age : il est vrai que, dans quelques charrues de cette espèce, la chaîne du tirage se trouve fixée sur une partie de l'age beaucoup plus rapprochée du corps de la charrue ; mais alors cette chaîne est maintenue dans une position fixe par un régulateur placé à l'extrémité antérieure de l'age ; le point d'attache existe réellement sur le régulateur, puisque la partie de la chaîne qui se trouve en arrière de ce régulateur, ne pouvant changer de position à l'égard des parties inflexibles de la charrue, doit être considérée comme inflexible elle-même.

On s'apercevra facilement que les charrues sans avant-train, dans lesquelles la partie antérieure de l'age prend un appui sur le joug des bœufs, comme l'araire, forment une classe à part, dont je ne m'occuperai pas, mais dont il sera facile de déduire les principes de ceux que j'établirai pour les charrues simples ou composées, à tirage flexible.

Il y a aussi quelques charrues sans avant-rain, qui portent à la partie antérieure de l'age une espèce de *jambe*, qui se termine par une petite roue ou par un *sabot*. Si, dans l'action, ces charrues prennent un appui continu sur cette partie, elles rentrent dans la classe des charrues à avant-train. Si, au contraire, comme c'est le cas dans la charrue belge, cette partie n'est destinée qu'à empêcher un trop grand abaissement accidentel de la pointe de l'age, sans lui fournir un appui lorsque l'instrument marche régulièrement, ce sont de véritables charrues simples, mais légèrement modifiées par cette circonstance.

Dans la charrue simple, le point du tirage ou de la puissance a (*fig.* 5e.), le point d'attache b et le point de la résistance c se placent toujours naturellement dans une même ligne droite, lorsque aucune puissance n'agit sur le manche (2e. proposition); ainsi, si on imagine une ligne droite $a\,c$, tirée de l'épaule des chevaux, à la partie antérieure du corps de la charrue où se trouve placé le point de la résistance, l'angle que forme cette ligne avec l'horizon ou avec la ligne de résistance $d\,e$, qui lui est parallèle, c'est-à-dire l'angle $a\,c\,e$, détermine la proportion dans laquelle la force motrice se décompose, et par conséquent la perte qu'elle éprouve. Dans ce cas, le moteur exercera absolument la même action que si les traits s'étendaient jusqu'au point de la résistance, et y étaient attachés. (3e. prop.)

Lorsque, dans la charrue à roues (*fig.* 6e.), le point d'attache *a* se trouve précisément dans la ligne droite tirée de l'épaule des chevaux *b* au point de la résistance *c*, la décomposition de force qui a lieu est la même que dans la charrue simple ; la pression que les roues exerceront alors sur le sol sera précisément celle qui résultera du poids seul de l'avant-train ; les roues ne contribueront en rien, sous le rapport que j'ai considéré jusqu'ici, à diminuer ou à augmenter la force nécessaire au tirage.

Si le point d'attache *a* (*fig.* 7e.) se trouve placé au-dessus de la ligne *b c*, tirée du point de la puissance au point de la résistance, la machine se trouvera placée dans le cas que j'ai indiqué dans la quatrième proposition : alors non-seulement la décomposition de force qui s'opère au point *c* deviendra plus considérable, parce que la ligne *a c* forme avec l'horizon un angle plus ouvert que la ligne *b c* ; mais aussi il s'opérera une nouvelle décomposition de force au point *a*, où une partie de la force du tirage sera employée à exercer sur l'avant-train une pression verticale. Si au contraire le point d'attache se trouve placé au-dessous de la ligne tirée de l'épaule des chevaux au point de la résistance, il y aura encore au point d'attache une décomposition de force; une partie de la puissance sera employée à soulever l'avant-train.

J'ai supposé, dans les deux dernières figures, que *le point d'attache* de la charrue composée se trouve placé au-dessus de l'axe des roues, dans la verticale de cet axe, sans faire aucune attention à la longueur du têtard, parce que cette dernière partie, qui s'assemble ordinairement au-dessus de l'axe des roues, conserve presque toujours, par l'effet du mode d'assemblage de l'avant-train avec l'age, une certaine mobilité de bas en haut autour de l'axe des roues comme centre: de sorte que le têtard dans sa longueur, se place naturellement dans la direction des traits des chevaux, et doit par conséquent être considéré comme une portion de ces traits, ou de la partie flexible de la machine. On observera que cette espèce de mobilité de l'avant-train ne doit pas empêcher de considérer, ainsi que je l'ai fait, l'ensemble de l'avant-train et des autres parties de la charrue comme un seul corps inflexible; car l'age étant une fois *établi* sous un certain angle avec la ligne verticale tirée de l'age sur l'axe des roues, cet angle ne peut plus varier par l'effet du tirage; l'espèce de mobilité que j'ai supposée dans l'avant-train ne peut y apporter aucun changement : c'est tout ce qu'il faut pour qu'on doive considérer le tout comme un seul corps inflexible, relativement à l'action du moteur.

Au reste, il ne faut pas croire que le diamètre des roues ait un rapport nécessaire avec la hauteur du point d'attache ; il est facile de disposer la machine de manière qu'on puisse fixer ce point, soit au-dessus, soit au-dessous de l'axe des roues. Dans la charrue de M. *Guillaume*, il est évident que la hauteur des roues n'influe en rien sur celle du point d'attache. Dans la grande charrue double à creuser des tranchées, de M. *Arbuthnot*, la pièce de bois qui est placée sous l'axe des roues est fort épaisse, et descend jusqu'à une distance peu considérable du niveau du sol ; à la face inférieure de cette pièce, on a fixé d'une part l'extrémité d'une barre de fer, dont l'autre bout va s'attacher à la partie antérieure du têtard, et de l'autre une forte chaîne, qui vient en arrière se fixer sur l'age, près du corps de la charrue. Par cette disposition, le têtard demeure invariablement dans une position horizontale, et le point d'attache étant fixé à sa partie antérieure, la ligne du tirage, ou le prolongement de la ligne des traits des chevaux,

vient aboutir à un point de l'avant-train beaucoup plus bas que l'axe des roues. Dans quelque
charrue que ce soit, il est très-facile de placer
le têtard, soit au-dessus, soit au-dessous de l'essieu, à la hauteur qu'on désire, et de rendre
ainsi la hauteur du point d'attache entièrement
indépendante du diamètre des roues.

On voit déjà, sans que j'aie besoin de le dire,
que la perte de force occasionnée par l'obliquité
de la ligne du tirage est nécessairement *au minimum* dans la charrue simple ; que la plus
grande perfection à laquelle la charrue à avant-
train puisse atteindre sous ce rapport, c'est d'é-
galer la charrue simple ; qu'elle ne peut l'égaler
que dans certaines circonstances qui, dans la
construction de presque toutes les charrues,
sont données au hasard, et qui, dans la même
charrue à avant-train, sont sujettes à varier,
selon qu'on fait un labour plus ou moins profond, selon que le corps de la charrue doit se
placer à une plus ou moins grande distance
de l'avant-train, selon qu'on y attèle plus ou
moins de chevaux.

Je ne tiendrai pas de compte de l'augmentation de force motrice qui est rendue nécessaire,
dans la charrue composée, par le poids de l'avant-
train, par le frottement des roues, par la résis-

tance qu'occasionne la terre qui s'attache souvent aux roues en quantité considérable, etc. Quoique cette augmentation soit bien de quelque importance, elle est cependant très-peu de chose, en comparaison des diverses autres décompositions de force occasionnées par la construction de cette charrue.

Les décompositions de force que j'ai indiquées jusqu'ici dans la charrue simple et dans la charrue composée, et par conséquent l'augmentation de force motrice qu'elles exigent, sont faciles à calculer : de sorte qu'étant donnée une charrue de telle construction et établie de telle manière, on peut déterminer avec précision la proportion dans laquelle la force motrice se perd pour l'effet utile. Mais il y a une autre cause de décomposition de force qu'il est nécessaire de considérer: celle-ci est plus facile à sentir et à comprendre qu'à calculer; mais d'après mes observations, c'est celle qui, dans beaucoup de cas, établit la plus grande différence entre les forces motrices nécessaires pour ces deux sortes de charrues. Pour me faire mieux comprendre à cet égard, il est nécessaire de dire d'abord quelque chose sur l'action de la puissance appliquée aux manches des charrues de l'une et de l'autre espèce.

Dans la charrue simple, lorsqu'on veut la faire

pénétrer en terre, le laboureur soulève l'extrémité des manches ou plutôt du manche, car
dans toute charrue il y a un des manches, ordinairement c'est celui que le laboureur tient
de sa main droite, qui n'est pas nécessaire à
l'action, et qui ne sert que d'une espèce d'aide;
aussi manque-t-il dans beaucoup de charrues.
Dans ce mouvement, le manche agit comme un
levier du second genre; le point d'appui est à
la pointe du soc, et la résistance est au centre
de gravité du solide formé par la charrue et la
bande de terre qu'elle soulève, c'est-à-dire vers
la réunion du soc au versoir; l'autre bras du
levier ayant plusieurs pieds de longueur, la
puissance agit avec une grande énergie et avec
très-peu d'effort.

Lorsqu'au contraire la charrue s'enfonce trop,
ou lorsqu'on veut la faire sortir entièrement de
terre, le laboureur appuie sur le manche, qui,
dans ce mouvement, se convertit en un levier
du premier genre. En effet, la résistance étant
toujours au même point que dans le premier
cas, le point d'appui se trouve transporté au
talon, ou à l'extrémité postérieure du sep. Les
deux bras du levier étant encore fort inégaux,
l'effort qu'exige ce mouvement est très-peu
considérable. Les mouvemens latéraux, c'est-à-

dire à droite et à gauche, qu'on veut imprimer à la pointe du soc, s'exécutent de même et avec autant d'avantage, par un mouvement en sens contraire, donné à l'extrémité du manche que tient le laboureur.

On sent facilement que tous ces mouvemens supposent la mobilité de l'extrémité antérieure de l'age : par exemple, lorsqu'on soulève le manche pour donner plus d'inclinaison à la pointe du soc, l'extrémité antérieure de l'age non-seulement participe à ce mouvement du soc, mais en prend immédiatement un bien plus plus considérable de haut en bas, puisqu'il est bien plus éloigné du centre du mouvement; et réciproquement lorsqu'on exécute un mouvement contraire. Un mouvement de quelques lignes à la pointe du soc en détermine un de plusieurs pouces à l'extrémité de l'age.

Mais si on suppose sous l'age un point d'appui inflexible auquel il est fixé, comme la sellette de l'avant-train, aucun de ces mouvemens n'est plus possible; toute la combinaison des leviers est changée; quel que soit le mouvement qu'exécute la puissance appliquée à l'extrémité postérieure du manche, elle ne peut plus trouver de point d'appui dans la terre; le seul qui existe pour elle est à la partie antérieure de l'age, sur l'avant-train. Si le laboureur veut diminuer la profondeur de son sillon, ou faire sortir en-tièrement la charrue de terre, ce n'est plus, comme tout-à-l'heure, l'extrémité antérieure seule du sep ou la pointe du soc qu'il faut soulever par un mouvement de bascule, en appuyant sur le manche; c'est le sep dans toute sa longueur et la charrue tout entière, ainsi que la bande de terre qui la charge, qu'il faut soulever en portant le manche de bas en haut, et au moyen d'un levier très-peu avantageux, puisque la résistance se trouvant au centre de gravité de la charrue et de la bande de terre qu'elle soulève, le point d'appui se rencontre sur la sellette, à la partie antérieure de l'age; c'est-à-dire que, dans la plupart des charrues, il y a dans ce cas peu d'inégalité entre les deux bras du levier; souvent même, le bras auquel est appliquée la puissance se trouve le plus court.

C'est encore pis lorsqu'on veut *faire piquer* la charrue à avant-train, c'est-à-dire l'enfoncer en terre : ce mouvement, qui s'exécute facilement par une légère inclinaison de la pointe du soc, lorsque la partie antérieure de l'age peut, en s'abaissant, céder au mouvement qui soulève l'extrémité postérieure du manche, ne peut plus se faire ici qu'en exerçant au contraire une pression sur toute la face antérieure du sep; elle s'exécute au moyen du manche, avec tout le désavantage possible, puisque celui-ci étant assemblé sur le derrière du sep, c'est sur cette partie que se produit principalement la pression; tandis que c'est la partie opposée ou la pointe du soc qui doit pénétrer en terre. Dans ce cas, on ne peut guère dire que le manche fasse l'office d'un levier, car je ne sais où l'on placerait le point de la résistance ou le point d'appui; le manche n'est réellement que l'intermédiaire par lequel le laboureur fait agir le poids de son corps sur la partie du sep la moins avantageuse possible pour produire l'effet désiré; ici, c'est tout simplement l'addition du poids du corps du laboureur au poids de la charrue. Cela est si vrai que souvent, lorsqu'une charrue à avant-train refuse de pénétrer en terre, j'ai vu le laboureur faire monter son aide sur l'age, au-dessus du corps de la charrue, ou quitter lui-même le manche pour aller s'y placer; il est certain qu'un poids donné appliqué de cette manière produira un plus grand effet que s'il est appliqué à l'extrémité du manche.

Si on examine, d'un autre côté, la position de l'age sur l'avant-train, on s'apercevra facilement que le point où il éprouve la résistance la plus invincible est en dessous: là, il trouve dans la sellette un obstacle invariable qui ne lui permet pas le plus léger mouvement pour s'abaisser; la résistance qu'il éprouve en dessus n'est pas aussi inflexible : dans la plupart des charrues, la chaîne et l'anneau qui unissent l'age à l'avant-train permettent au premier un léger mouvement vers le haut; dans la charrue de M. *Guillaume* même, ainsi que dans d'autres où l'age est fixé plus solidement sur la sellette, il n'éprouve, pour s'élever, que la résistance qui naît du poids de l'avant-train, résistance qui peut bien plus facilement céder plus ou moins que celle qui agit sous lui, laquelle, par sa nature, n'admet aucune concession. La terre qui s'amasse autour des roues, une pierre qui se rencontre sous l'une d'elles, tendent à soulever la partie antérieure de l'age, que rien au contraire ne peut abaisser. Mais comme tout mouvement dans cette partie de l'age est lié nécessairement à un mouvement analogue dans la pointe du soc, il en résultera que celui-ci aura toujours plus de disposition à sortir de terre qu'à y entrer, à moins qu'on n'applique à ce vice de construction un remède dont je parlerai tout-à-l'heure; la charrue cédera du moins à tout obstacle accidentel qui tendra à la soulever, tandis que l'obstacle qui se trouverait placé de manière à la faire pénétrer plus profondément, ne pourra produire aucun effet; toutes les chances seront pour la faire sortir de terre, et aucune pour l'enfoncer.

Pour faire mieux comprendre ceci, supposons un moment qu'une charrue à avant-train, *ayant la surface inférieure de son sep parfaitement horizontale*, marche sur la surface du sol, aucun mouvement, ni de l'instrument, ni du laboureur, ne peut tendre à la faire entrer en terre. En effet, pour que cela arrivât, il faudrait que le sep prît une inclinaison quelconque en avant; c'est-à-dire que sa pointe ou la pointe du soc s'abaissât, ou que son talon s'élevât; la pointe ne peut absolument pas s'abaisser par l'effet de l'obstacle qui se trouve sous l'age; le talon peut bien s'élever, en soulevant le manche, mais alors la pointe du soc s'élève aussi; et toute la surface du sep quitte le sol. Si au contraire on appuie sur le manche, en supposant la surface du sol assez résistante pour que le talon du sep sur lequel l'action s'exerce ne puisse pas s'enfoncer, l'effet sera entièrement nul, et la charrue glissera sans pénétrer; si le sol est supposé assez mou pour que le sep puisse céder au mouvement qui lui est imprimé par le manche, le talon s'enfoncera et ensuite la pointe du soc, mais beaucoup moins que le talon, puisque le centre du mouvement étant alors sur la sellette de l'avant-train, le talon décrira un bien plus grand arc que la pointe du soc; le sep cessera alors d'être horizontal, et prendra une inclinaison inverse de celle qui serait nécessaire pour qu'il pénétrât en terre, c'est-à-dire une inclinaison en arrière; il glissera donc encore sur le sol et ne pénétrera pas.

Les choses se passeront absolument de la même manière, si au lieu de supposer la charrue sur la surface du sol, nous la supposons dans le sillon, à la profondeur du labour, en admettant toujours que la face inférieure du sep est exactement horizontale; le sept étant une fois placé dans cette position et à cette profondeur, on supposerait peut-être que, abstraction faite de l'effet de l'obliquité du tirage, le corps de la charrue doit continuer sa marche en ligne droite sans se soulever, et que si aucune puissance ne peut l'enfoncer davantage, aucune force non plus ne tend à le faire remonter; mais on se tromperait. La charrue, dans sa marche, éprouve des obstacles variés; la différence qui se rencontre dans la résistance des diverses couches de terre qu'elle pénètre, les pierres, les racines qui se trouvent sur son passage, tendent tantôt à la soulever, tantôt à l'enfoncer; si elle est construite de manière à résister aux obstacles accidentels qui tendent à l'enfoncer, à céder à ceux qui tendent à la soulever, elle sera bientôt hors de terre: c'est précisément là le cas où se trouve la charrue à avant-train, par l'effet de la position de l'âge sur la sellette, comme je l'ai expliqué. De là la difficulté de construire ces sortes de charrues de manière qu'elles *tiennent bien la raie*, c'est-à-dire qu'elles se maintiennent à la profondeur du labour sans trop d'effort de la part du laboureur.

Pour remédier à ce vice, on a été forcé de donner à ces charrues beaucoup plus d'*entrure* qu'on n'en donne aux charrues simples, c'est-à-dire une inclinaison en avant, soit du sep tout entier, soit de la pointe seule du soc, suffisante pour contrebalancer les diverses causes qui tendent à faire sortir de terre le corps de la charrue. Si on donnait à une charrue simple autant d'entrure qu'on est forcé d'en donner aux charrues composées, la pointe du soc, cédant d'abord à sa tendance vers le bas, entraînerait dans son mouvement l'extrémité antérieure de l'âge; ce qui lui permettrait de pénétrer profondément, où jusqu'à ce que la ligne de tirage qui deviendrait de plus en plus oblique, le fût assez pour contrebalancer la tendance du soc vers le bas. Mais dans la charrue composée, l'avant-train est là, qui maintient tyranniquement la partie antérieure de l'age à sa hauteur, et qui oppose une force invincible à l'effet de la tendance du sep vers le bas; de ces deux tendances opposées, résulte la marche ferme de la charrue dans la terre, mais aussi une pression continuelle ou presque continuelle de l'age sur l'avant-train, et des roues sur le sol; de ces deux tendances opposées, ainsi que de la pression verticale de l'age sur l'avant-train, résultent aussi deux causes de décomposition de la force motrice, dont la première échappe aux calculs de la mécanique; mais il est impossible de la méconnaître, et elle établit sur-tout dans certaines circonstances, comme je le dirai plus bas, une différence énorme entre les forces de tirage qu'exigent la charrue simple et la charrue composée.

En résumé, on peut dire qu'aucune pression exercée par l'age sur le sol par l'intermédiaire de l'avant-train ne peut avoir lieu sans une perte considérable sur la force motrice, ou, en d'autres termes, que l'avant-train ne cesse d'être nuisible sous le rapport de la force nécessaire au tirage, que du moment où il devient inutile : en effet,

si l'avant-train ne supporte rien, comment pour-
rait-il diminuer la force nécessaire au tirage?

Avant d'avoir fait aucune recherche sur ce
sujet, j'avais été frappé d'un rapprochement qui
peut être fait par tout homme qui a quelque
connaissance de l'état de l'agriculture dans les
diverses contrées de l'Europe. Dans tous les pays
où l'on fait usage de la charrue simple, comme
dans plusieurs comtés de l'Angleterre; dans
quelques cantons de l'Allemagne où les charrues simples anglaises ont été introduites; dans
la Flandre, la Belgique; dans l'Italie et le Piémont; dans les départemens méridionaux de la
France, etc., la charrue s'attèle uniformément
de deux animaux de trait, très-rarement de trois
et seulement lorsqu'on veut exécuter un labour
très-profond, c'est-à-dire qui passe huit pouces.
Les exceptions à cette règle sont extrêmement
rares, et on peut dire que sur cent charrues
simples, il n'y en a pas dix qui soient attelées
de plus de deux chevaux ou deux bœufs.

Dans les pays où l'on fait usage de la charrue
à avant-train, elle s'attèle de deux, quatre, six,
huit chevaux, et même davantage; les circonstances où l'on n'emploie ordinairement que deux
chevaux sont très-rares : elles se rencontrent
dans les environs de Paris, parce que les terres

y sont en général fort meubles, et les charrues d'une très-bonne construction dans leur genre, qualité qu'elles doivent au voisinage des hommes éclairés qui se sont occupés de leur perfectionnement; on peut en dire autant du comté de Norfolck et d'un petit nombre d'autres cantons; mais il y en a un plus grand nombre où la charrue à avant-train s'attèle de quatre chevaux et plus. Dans le département que j'habite, où le sol est en général argileux, et où d'ailleurs plusieurs charrons construisent de fort bonnes charrues à avant-train, on n'attèle jamais moins de quatre forts chevaux, le plus souvent six, et quelquefois huit, dix et même davantage, lorsque ce sont des chevaux de petite race ou mal entretenus. Il en est de même dans le plus grand nombre des cantons où l'on fait usage des charrues de cette espèce, et en général on ne se trompera pas en avançant que sur cent charrues à avant-train, il n'y en a pas dix qui soient attelées de moins de quatre chevaux.

Il m'a toujours paru que cette énorme différence entre les attelages employés généralement à ces deux espèces de charrues, devait avoir sa source dans les principes fondamentaux de leur construction. Depuis que j'ai étudié avec attention ces principes et toutes les circonstances qui, dans une charrue, peuvent augmenter ou diminuer la résistance, et sur-tout depuis que j'ai pu comparer, dans la pratique, la marche de ces deux espèces de charrues, je n'ai plus conservé à cet égard aucun doute. Par-tout le nombre d'animaux attelés à la charrue simple est à-peu-près le même, parce que la force nécessaire au tirage de cette charrue est toujours et nécessairement au *minimum*; parce qu'il ne peut y avoir dans cet instrument d'autre décomposition de force que celle qui résulte nécesairement de la nature des choses, c'est-à-dire de la position du moteur à l'égard de la résistance; parce que la force nécessaire pour trancher, soulever et retourner des terres de diverses natures, varie beaucoup moins qu'on n'est tenté de le croire lorsqu'on n'a vu marcher que des charrues à avant-train.

L'attelage employé généralement aux charrues composées varie beaucoup, parce que, parmi les causes de décomposition de force qui résultent de sa construction, il en est une qui est de nature à croître dans une proportion énorme, à mesure que le sol, par sa nature, offre plus de résistance, ou qu'on veut donner un labour plus profond : c'est celle qui résulte de l'excès d'*en-trure* qu'on est forcé de lui donner. En effet, la même charrue à avant-train *établie* pour marcher dans une terre meuble, ne pourra plus pénétrer dans un sol compacte ou durci par la sécheresse; il faudra lui donner plus d'*entrure*, et par conséquent augmenter la divergence des tendances, la pression de l'age sur l'avant-train, et toute la perte de force motrice qui en résulte. Ainsi, à mesure qu'on aura à travailler dans un sol plus résistant, la force nécessaire au tirage devra s'augmenter non-seulement dans le rapport de la résistance du sol, mais aussi dans le rapport de la décomposition de force qui résulte de la disposition qu'il est nécessaire de donner à l'instrument, pour vaincre cette résistance.

Ces vérités seront évidentes pour toute personne qui comparera attentivement la marche de deux bonnes charrues, l'une simple, et l'autre composée, d'abord dans un sol meuble, et ensuite dans un sol compacte et résistant.

N'ayant pas de dynamomètre, je n'ai pu déterminer avec précision l'augmentation de résistance qui a lieu dans diverses circonstances; mais je vais l'indiquer approximativement, comme j'ai pu en juger par la comparaison de la force du tirage qu'il est nécessaire d'appliquer à ces charrues dans divers cas : en supposant un sol très-meuble et un labour de quatre à cinq pouces de profondeur, sur neuf à dix pouces de largeur de raie, la charrue simple et une bonne charrue à avant-train marcheront, l'une et l'autre, avec deux chevaux ; mais les chevaux attelés à la charrue composée tireront sensiblement davantage que les autres. Si, dans le même terrain on veut approfondir le labour à huit ou dix pouces, deux chevaux suffiront encore pour la charrue simple, et l'autre en exigera trois et souvent quatre. Pour un premier labour de quatre à cinq pouces dans un sol argileux et durci par la sécheresse, la charrue à avant-train exigera quatre chevaux, la charrue simple marchera fort bien avec deux. Un labour de huit ou dix pouces dans le même sol exigera un troisième cheval à la charrue simple ; mais la charrue à avant-train ne pourra probablement pas l'exécuter avec moins de six chevaux.

La faiblesse de l'attelage employé généralement à la charrue simple a sans doute seule donné lieu à l'opinion de beaucoup de personnes, que les sols dans lesquels elle est en usage sont très-meubles et d'une culture facile ; de là à l'opinion que cette charrue ne convient qu'à des sols de cette nature, le passage était tout simple ; je puis assurer que cette assertion n'a pas le plus léger fondement. Je crois devoir appuyer de quelques autorités l'opinion que j'ai déduite à cet égard de l'expérience.

M. *Thaër*, dans sa Description de la charrue de *Small*, l'indique comme spécialement appropriée aux sols argileux et compactes.

M. *Pictet*, qui s'était transporté à Azigliano, en Piémont, pour examiner la marche de là charrue qui y est en usage, et qui est une charrue simple, toujours attelée de deux bœufs, témoigne quelque étonnement, dans la description qu'il a donnée de cette charrue (1), sur la nature du terrain dans lequel il l'a vue marcher. C'était un lut argileux susceptible de se durcir excessivement par la sécheresse, et se soulevant par masses énormes, lorsqu'on le rompt à la charrue dans cette circonstance ; c'était aussi après une très-longue sécheresse qu'il voyait travailler cette charrue. « Je puis affirmer, dit-il,
» n'avoir jamais vu des mottes de terre aussi
» énormes dans nos champs de terre argileuse,
» que j'en ai vu dans certains champs ainsi rom-
» pus. J'ai essayé en vain non-seulement de sou-
» lever, mais de faire changer de position à quel-
» ques-unes de ces masses ; et le champ entier,
» vu sous un certain aspect, avait l'air d'un lac
» fortement agité, que la gelée aurait surpris.....
» J'ai été très-surpris de voir une charrue si

______

(1) Cours d'agriculture anglaise, tom. **X**, pag. 375.

» légère, attelée de deux bœufs, faire un travail
» que nous jugerions impossible avec nos lourdes
» charrues et deux paires de bœufs au moins
» aussi forts que ceux-ci. Ce fait est, je pense,
» la meilleure preuve que la charrue du Pié-
» mont n'est pas, comme on l'a dit, destinée à
» travailler dans le sable seulement. »

Une observation semblable suffirait pour
écarter toute idée que la charrue simple est
exclusivement propre à la culture des sols très-
meubles. Une réflexion de l'observateur don-
nerait lieu de croire qu'il a attribué un effet
aussi singulier à la légèreté de cette charrue ;
mais, je le demande, quelle est la charrue à
avant-train, quelque légere qu'on la suppose,
avec laquelle on croirait pouvoir exécuter un
labour dans un sol semblable avec une paire de
bœufs? Ce n'est pas à cause que la charrue était
légère, que cela était possible, car on l'aurait
exécuté de même avec la charrue de *Small*, qui
est très-lourde ; c'est parce qu'elle n'avait pas
d'avant-train. Je puis assurer, d'après mon expérience, que c'est sur-tout dans les sols argileux, compactes et très-résistans, que la charrue
simple en général présente le plus d'avantage
sur la charrue à avant-train.

Ce que j'ai dit jusqu'ici sur ce sujet sera peut-être considéré comme beaucoup trop long; mais il ne laissera, j'espère, aucun doute sur l'effet que peut produire l'avant-train dans la charrue pour augmenter ou diminuer la force nécessaire au tirage.

S'il n'est à cet égard d'aucune utilité, beaucoup de personnes seront disposées à croire qu'il est au moins utile *comme moyen de direction* de la charrue. Je vais expliquer jusqu'à quel point cette opinion est fondée. Toute charrue simple capable de labourer marchera régulièrement si on y ajoute un avant-train, pourvu qu'on augmente suffisamment son *entrure;* mais toute charrue qui laboure avec un avant-train ne pourra pas de même être convertie en une charrue simple, en changeant son *entrure,* et en faisant à l'extrémité de l'age les dispositions nécessaires pour pouvoir établir le point d'attache à la hauteur convenable; la charrue simple exige bien plus de régularité dans sa construction que la charrue composée: l'action de toutes ses parties, la pression qui s'opère sur ses diverses faces doivent être dans un équilibre parfait; il faut que la charrue, étant à sa profondeur dans le sillon, puisse marcher, sans l'aide du laboureur, à la même profondeur, et sans prendre aucune tendance à droite ou à gauche; l'action du laboureur ne doit tendre qu'à rétablir la direction lorsqu'elle se trouve dérangée par quelque obstacle accidentel. Il faut pour cela une grande harmonie dans toutes les parties qui composent la charrue; si elle n'est pas construite avec cette perfection, ou si le laboureur ne l'a pas bien établie, il n'arrivera pas au bout du sillon, ou du moins ce sera en faisant un labour détestable, et avec les plus grands efforts de sa part. L'extrême sensibilité de cet instrument est due au défaut d'appui à la partie antérieure de l'age; elle est telle, que le coûtre placé par le laboureur à quelques lignes trop haut ou trop bas, trop à droite ou trop à gauche, que le moindre changement dans le point d'attache sur le régulateur, que les traits de chevaux un peu trop longs ou un peu trop courts, rendent impossible la marche régulière de la charrue; elle ne peut absolument labourer que lorsqu'elle est construite et établie de la manière la plus convenable, et c'est alors qu'elle donne lieu à la moindre résistance possible; c'est encore là une des raisons pour lesquelles j'ai dit que, dans la charrue simple, la force qu'exige le tirage est toujours et nécessairement *au minimum*.

La charrue à avant-train peut bien mieux supporter des imperfections dans sa construction ou dans la manière de l'établir. La posi-tion fixe de l'extrémité antérieure de l'age, qui ramène invinciblement la pointe du soc dans sa direction, corrige tous ces défauts; le seul inconvénient de ceux-ci sera d'augmenter la résistance, par la diversité des tendances, et la charrue exigera seulement un ou plusieurs che-vaux de plus, mais elle labourera; le conducteur, à moins qu'il ne soit très-exercé, ne s'apercevra même pas des vices de sa charrue, et sera bien loin d'en convenir. C'est ainsi que j'ai vu, dans la Lorraine allemande, quatorze chevaux em-ployés à faire, dans un sol à la vérité très-compacte, un labour de quatre pouces, qu'une charrue simple aurait pu exécuter avec deux chevaux.

Il est donc vrai, sous un certain rapport, de dire que l'avant-train aide à la direction de la charrue : je laisse à juger de l'avantage qu'il présente sous ce point de vue.

Au reste, il ne faut pas croire qu'une charrue simple bien construite soit difficile à conduire. La plus grande difficulté que rencontre un la-boureur qui manie pour la première fois une charrue sans roues, consiste à se déshabituer des efforts violens qu'il était obligé de faire en conduisant une charrue à avant-train ; et à

4

s'accoutumer aux mouvemens différens que l'autre exige. En effet, pour *faire piquer sa* charrue, il faut ici qu'il soulève le manche, au lieu d'y porter tout le poids de son corps, comme il faisait avec la charrue composée. Pour prendre moins de profondeur, ou faire sortir sa charrue de terre, il faut qu'il appuie sur le manche, au lieu du mouvement contraire qu'il était habitué à faire pour produire le même effet. Tout cela ne laisse pas de présenter quelques difficultés pour un homme chez qui une longue habitude a rendu ces mouvemens pour ainsi dire mécaniques; pour peu que la mauvaise volonté s'en mêle, il y aura impossibilité absolue. La conduite d'une charrue simple sera bien plus facile pour l'homme qui n'a jamais labouré; s'il est doué de quelque intelligence, deux ou trois leçons seront suffisantes pour le mettre en état de la conduire parfaitement.

Je déclare toutefois que je suis persuadé que la charrue simple exige un peu plus de soin, d'attention et d'intelligence de la part du laboureur, que la charrue à avant-train; le plus difficile n'est pas de conduire la charrue, c'est de *l'établir* : j'ai dit combien cet instrument est sensible, et il faut réellement quelque habitude pour découvrir promptement, lorsque la charrue va mal, quelle correction il faut y apporter. Ces corrections ne peuvent cependant avoir que trois objets, la position du coutre, celle du régulateur, et la longueur des traits des chevaux : c'est de la combinaison de ces trois moyens que résulte la régularité de la marche de la charrue, si elle est bien construite ; mais s'il y a quelque vice dans sa construction, ce qui peut facilement arriver à la meilleure charrue, lorsqu'on y fait quelque réparation, lorsqu'on fait *rechausser* un soc, ou lorsqu'on en fait faire un neuf, il faut aussi que le laboureur puisse découvrr et faire corriger ces défauts. C'est dans tout cela que se rencontre la plus grande difficulté lorsqu'on emploie pour la première fois une charrue sans roues ; car, en la supposant bien construite et bien établie, elle marche pour ainsi dire seule.

Je n'ai pas voulu dissimuler le genre de difficulté qui se rencontre dans l'emploi de la charrue simple, parce qu'il me paraît utile que les personnes qui seraient tentées de l'adopter en soient prévenues ; mais enfin ces difficultés ne sont pas au-dessus d'une intelligence très-ordinaire : ce qui le prouve suffisamment, c'est l'usage qu'on fait généralement de cette charrue dans des pays où les habitans de la campagne

ne sont pas doués d'un degré supérieur d'adresse
et d'intelligence. Un peu d'habitude est tout ce
qui est nécessaire pour cela.

Si la conduite de la charrue simple exige un peu
plus d'attention que celle de la charrue à avant-
train, elle exige aussi beaucoup moins de force:
il suffit, pour être convaincu de cette vérité,
d'avoir observé la démarche et la position des
laboureurs qui conduisent l'une et l'autre. Cette
observation n'a pas échappé à M. *Pictet*. Dans
sa description de la charrue d'Azigliano, il s'exprime ainsi : « Les bœufs n'ont point l'air de
» faire un effort considérable, et le laboureur
» n'a point de peine. Il chante, il siffle, il fait
» tout bas la conversation avec ses bœufs; mais
» on voit qu'il ne fait pas un métier fatigant.
» La régularité des sillons est merveilleuse, etc. »

Par-tout où la charrue simple est en usage,
on remarquera la même aisance dans la démarche du laboureur; par-tout on pourra se
convaincre que ses efforts sont bien moins considérables que ceux qu'exige la charrue composée.

Tout porte à croire que les premières charrues qui ont été construites étaient sans avant-
train. Mais s'il est vrai que l'addition de cette
partie augmente nécessairement la résistance

que doit vaincre le tirage , ainsi que la fatigue
du laboureur , comment se fait-il qu'une semblable innovation ait été adoptée dans une grande
partie des pays où l'on fait usage de la charrue ,
et qu'elle soit encore aujourd'hui regardée généralement comme un perfectionnement par-
tout où elle s'est naturalisée ? Je regarde comme
constant que l'idée première de l'avant-train n'a
jamais pu naître dans l'esprit d'un homme qui
connut bien la construction et la marche de la
charrue simple. Il me paraît très-probable que
cette idée a été le résultat des difficultés qu'on
aura éprouvées pour régler la marche d'une
mauvaise charrue. Cette machine, toute simple
qu'elle paraisse, est soumise dans sa construction à des règles infiniment plus compliquées
qu'on ne serait tenté de le croire au premier
coup d'œil. A une époque très-reculée, où les
arts étaient dans une profonde obscurité, où
quelques principes fixes de mécanique et de
mathématique, que les savans pouvaient avoir
posés, étaient encore comme dans un autre
monde, relativement à la classe d'hommes qui
construisent des charrues ou qui en font usage,
où les instrumens qui facilitent aujourd'hui le
travail de nos plus simples ouvriers étaient encore inconnus, où les relations entre des con-

trées peu éloignées étaient rares et difficiles, il n'est pas étonnant qu'on ait éprouvé des difficultés lorsqu'on a voulu imiter, dans un pays où on désirait introduire l'usage de la charrue, celle qu'on avait vue travailler dans un autre; il n'est même pas improbable qu'à cette époque, la tradition des principes de construction ait pu se perdre dans certains cantons, par la mort d'un petit nombre d'ouvriers, ou par l'effet des ravages de ces guerres d'extermination qui , si souvent alors, bouleversaient des états qui n'avaient qu'une faible population.

Dans l'un ou l'autre de ces cas, on aura dû regarder comme précieux un moyen par lequel on pouvait faire marcher une mauvaise charrue à-peu-près aussi bien qu'une bonne; l'entretien des bestiaux était très-peu coûteux à l'époque dont je parle, puisque la plus grande partie du sol était en pâturage : on aura donc considéré comme un léger inconvénient celui d'être obligé d'atteler à la charrue un plus grand nombre d'animaux; on n'aura peut-être pas même été à portée d'en faire la comparaison ; enfin il n'y avait rien de pis que de ne pouvoir pas labourer. Ainsi , dans des circonstances semblables, l'usage de l'avant-train a dû être adopté.

Heureusement, dans un assez grand nombre

de contrées qui se seront trouvées dans des circonstances plus heureuses, on a conservé la tradition de la bonne construction de la charrue simple ; et c'est dans celles-ci qu'on a toujours labouré avec l'attelage le moins considérable. On sent bien que, dans tout ceci, j'entends par perfection ou bonne construction la justesse des proportions entre les diverses parties, de laquelle résulte la régularité de la marche de l'instrument. Une charrue peut être aussi grossière d'exécution qu'on le supposera, et cependant parfaite sous ce rapport.

Lorsque l'avant-train a été ajouté à la charrue, peut-être a-t-on donc pu le considérer, sous un certain rapport, comme un perfectionnement. Mais dans l'état actuel de nos arts industriels, il faut que tous les cultivateurs éclairés sachent que les charrues les plus parfaites sont celles qui peuvent marcher régulièrement sans avant-train ; que lorsqu'on veut éluder, par l'addition de l'avant-train, les difficultés que présente la construction de la charrue, on n'y parvient qu'au moyen d'une augmentation inévitable de la force nécessaire au tirage ; et qu'enfin, lorsqu'on aura travaillé à apporter à la charrue composée toutes les améliorations dont elle est susceptible ; lorsqu'on aura construit une charrue à avant-train la plus parfaite qu'il est possible dans son genre, cette charrue n'aura plus besoin d'avant-train, on pourra le supprimer sans aucune difficulté ; cette soustraction sera encore un perfectionnement.

§ II. *Du degré d'importance des améliorations dans la construction de la charrue.*

Il passe pour constant en Écosse que la valeur locative des terres arables y est doublée depuis environ vingt-cinq ans, par l'effet de l'établissement de la manufacture qui y a été formée par *James Small*, dans laquelle on construit des charrues sans avant-train de son invention, qui ont remplacé presque universellement les charrues anciennes, en Écosse et dans une grande partie de l'Angleterre. Ces charrues se manœuvrent avec deux chevaux, et sont conduites par un seul homme, tandis que les anciennes exigeaient ordinairement six chevaux avec deux hommes. Un changement si extraordinaire dans la richesse d'un vaste pays, donné comme résultat d'un simple changement dans la forme de la charrue, me parut au premier aperçu suspect d'exagération ; cependant il me sembla intéressant de rechercher quels seraient les résultats qu'on pourrait raisonnablement attendre, dans nos départemens, des améliorations qu'il serait possible d'apporter à la construction de cet instrument. Quelque idée que je me fusse faite d'avance de l'importance de ces améliorations, un examen approfondi de la question accrut tellement à mes yeux cette importance, que l'espoir d'obtenir quelques succès en ce genre a donné aux efforts auxquels je me suis livré pendant plusieurs années pour le perfectionnement de la charrue, une ardeur et une persévérance qu'un motif d'intérêt personnel n'aurait probablement pas pu produire.

Pour déterminer quelle économie, dans la culture des terres, on peut attendre de l'amélioration de la charrue, et de la diminution dans le nombre des bêtes de traits qui en est le résultat, il faut d'abord rechercher quelle est la dépense qu'entraîne l'attelage de la charrue, et principalement ce que coûte l'entretien de chaque tête de cheval.

Les chevaux de forte taille qu'on emploie à la culture des terres dans le département de la Meurthe, consomment en moyenne 30 livres de foin par jour, dont une partie est ordinairement remplacée par une quantité proportionnée de paille, d'un prix équivalent, et en outre une faible ration d'avoine dans le temps de travail, que j'évalue à 5 resaux (9 hectolitres) par an. En estimant le foin au prix moyen de 20 fr. le millier, et l'avoine à 6 fr. le resal, cela forme pour l'année une dépense de nourriture de 250 fr. Lorsque les chevaux sont nourris en vert au râtelier, la dépense doit être estimée à très-peu de chose près au même taux ; lorsqu'ils sont nourris à la pâture, on devrait l'évaluer plus haut, à cause de la quantité de fourrage qu'ils gâtent. Dans ces deux derniers cas, la dépense est moins sensible, parce que la denrée est consommée par les bestiaux dans un état où elle n'est pas encore susceptible d'être vendue ; mais en définitif cela revient au même.

J'évaluerai donc la nourriture d'un cheval à... 250 fr. 00 c.

La dépense du ferrage, de l'entretien des harnois, les frais accidentels du vétérinaire, etc., peuvent s'évaluer à................ 30   00

L'intérêt du prix d'achat, la diminution annuelle de la valeur du cheval, les chances de la mortalité, ne peuvent s'estimer à moins de... 70   00

Total..... 350   00

Chaque tête de cheval qu'un cultivateur pourra réformer de son attelage lui procurera réellement un bénéfice de 350 fr. et même plus considérable, en faisant consommer le fourrage qui était destiné aux chevaux par des bestiaux *de rente*, c'est-à-dire par des moutons, des vaches laitières, ou du bétail à l'engrais, qui en général donnent un produit plus élevé que la valeur des fourrages qu'ils consomment.

Quant à la dépense des domestiques, on évalue généralement les gages et l'entretien d'un garçon de charrue ordinaire à 400 fr. Je ne crois pas cette évaluation exagérée.

Je prendrai maintenant pour exemple une ferme composée de 300 jours de terre argileuse (60 hectares environ), et 40 ou 50 fauchées (8 à 10 hectares) de prés; en supposant les terres de qualité moyenne, le fermage sera d'environ 2,000 fr.

Le fermier entretiendra deux charrues qui, dans l'état actuel des choses, seront attelées de six chevaux chacune; comme il faut aussi exécuter des hersages en même temps que les labours, et qu'un ou deux chevaux peuvent se trouver momentanément hors de service, ce fermier ne pourra pas entretenir moins de quinze chevaux; encore faut-il qu'ils soient de forte taille; car sans cela il serait obligé d'atteler dans beaucoup de cas huit chevaux à chaque charrue : alors il lui en faudrait environ vingt. Il lui faudra aussi au moins cinq hommes pour la conduite des attelages.

Supposons maintenant que ce fermier puisse exécuter le même travail de labours avec deux charrues conduites chacune par deux chevaux et un homme, il lui faudra au plus huit chevaux et trois hommes. La diminution dans l'attelage se trouvera donc de sept chevaux et deux hommes; l'économie sur l'entretien des chevaux sera annuellement de 2,450 francs, et celle de deux domestiques de 800 francs. Ce fermier pourrait donc, au moyen de ce seul changement dans son exploitation, payer un fermage double, et trouver encore un excédant de bénéfice de 1,250 francs, c'est-à-dire doubler au moins le bénéfice qu'il fait dans l'état actuel des choses.

Si nous examinons l'objet sous un autre point de vue, nous pourrons calculer que le nombre des charrues qui sont employées à cultiver les terres du département de la Meurthe, doit préalablement être évalué à huit mille au moins; par conséquent, si on parvenait à économiser le tirage *d'un seul cheval* sur chaque charrue, le département y trouverait le bénéfice de l'entretien de 8,000 chevaux , c'est-à-dire à raison de 35o fr. par tête, 2,8oo,ooo fr.

Je ne pousserai pas plus loin ces calculs; ce que j'en ai dit est suffisant pour donner une idée exacte des avantages économiques qui doivent être le résultat des améliorations qu'on peut apporter dans la construction des charrues.

J'ai supposé qu'il était possible de remplacer le travail d'une charrue ordinaire de notre pays, attelée de six ou huit chevaux, par celui d'une charrue mieux construite, qui n'exigerait que le tirage de deux chevaux : quelque extraordinaire que cette assertion puisse paraître aux yeux de la plupart de nos cultivateurs, elle ne peut plus aujourd'hui présenter de doute. Avec la charrue simple dont je me sers depuis plus d'un an, et à laquelle je n'ai plus cherché à apporter de modification, parce qu'il m'a paru que j'étais parvenu au degré de perfection que je désirais depuis long-temps, les labours s'exécutent avec la plus grande facilité, au moyen de deux chevaux conduits par un seul homme; les terres les plus argileuses et les plus tenaces n'en exigent pas davantage pour un labour de six pouces de profondeur au moins, profondeur qu'on atteint bien rarement avec les charrues ordinaires, et il ne faut pas pour cela des chevaux d'une plus forte taille que ceux qu'emploient les bons cultivateurs du département.

Ces faits étant faciles à vérifier par toutes les personnes qui voudront en prendre connaissance, il ne peut rester de doute que sur la quantité de terrain que cette charrue peut labourer dans un espace de temps donné, comparativement avec l'ancienne charrue. Il est certain que cette dernière ouvre des sillons plus larges que l'autre; j'évalue à 11 ou à 12 pouces la largeur ordinaire de la bande de terre que coupe la charrue du pays : du moins, les bons cultivateurs n'en prennent jamais davantage; et si on rencontre parfois des labours exécutés à 13 ou 14 pouces de largeur de raie, c'est toujours, ou un labour fait à prix d'argent, ou des labours exécutés pour leur propre compte par des cultivateurs négligens et paresseux, qui savent cependant très-bien qu'un labour à la charrue est d'autant meilleur qu'il est fait à raies plus étroites. Ma charrue est construite pour couper une bande de terre de 9 pouces environ : cette différence avec les charrues du pays en établirait une d'un quart environ dans la quantité de travail qu'elles peuvent respectivement exécuter dans un temps donné; mais d'un autre côté, les deux chevaux qui sont attelés à ma charrue tirent ordinairement beaucoup moins que ceux qui conduisent la charrue du pays, et par conséquent marchent bien plus vite.

D'après une longue expérience et des observations faites avec le plus grand soin, je suis convaincu que cette circonstance rétablit l'égalité dans quelque sol que ce soit. Cependant, si on voulait admettre que cela n'est pas rigoureusement vrai, il n'est aucun cultivateur éclairé qui ne convienne que l'augmentation sur la récolte, qui sera l'effet d'un labour plus parfait, compensera et bien au-delà la différence qu'on voudrait établir à cet égard, laquelle, dans tous les cas, ne pourrait être supposée que très légère.

Ce sont ces considérations qui m'ont porté à établir, comme un fait constant, l'égalité sous le rapport de la quantité de travail, entre ma charrue conduite par deux chevaux et un homme, et les charrues ordinaires du pays, attelées de six à huit chevaux et conduites par deux hommes.

J'ai parlé tout-à-l'heure de la charrue de *Small*, qui est aujourd'hui une des plus estimées de celles dont on fait usage en Angleterre; je l'ai fait exécuter, il y a près de trois ans, dans les proportions précises qui lui ont été données par son auteur, et j'en fais usage encore assez fréquemment. Elle est presque du double plus lourde que la mienne, et d'une construction beaucoup plus coûteuse; elle exige aussi plus de force de tirage. Elle est cependant préférable lorsqu'il est question de donner un labour très-profond, c'est-à-dire de 10 pouces au moins; la mienne peut bien aussi labourer à cette profondeur, mais son travail n'est pas alors tout-à-fait aussi parfait que celui de la charrue de *Small*. La charrue du pays ne peut nullement exécuter ces labours profonds, qui, au reste, sont d'un emploi très-rare dans la culture ordinaire. Pour les labours communs de 4 à 7 pouces de profondeur, la mienne fait, à attelage égal, un tiers au moins d'ouvrage de plus que celle de *Small*, et elle le fait aussi bon.

§ III. *De l'introduction de nouveaux instrumens d'agriculture dans une exploitation rurale.*

En admettant la supériorité de la charrue simple, doit-on conseiller à un cultivateur qui fait usage de la charrue composée, de chercher à lui en substituer une plus parfaite? L'espoir du succès est-il assez fondé pour qu'il doive se donner les soins et faire les frais qu'entraîne nécessairement ce changement ? Telle est la question qui se présentera naturellement à tout agriculteur, si les considérations que j'ai présentées dans ce mémoire ont fait quelque impression sur son esprit. Je dois y faire une courte réponse. Je sais qu'on regarde, en général, comme très-difficile, d'introduire dans un canton l'usage de nouveaux instrumens d'agriculture, et qu'on croit qu'il est à-peu-près impossible de faire exécuter ces instrumens, et sur-tout des charrues, d'après des directions écrites et des dessins. Au nombre des personnes dont l'autorité tend à appuyer cette dernière opinion, je citerai l'estimable traducteur français des *Principes raisonnés d'agriculture de M. Thaër*. Il semble faire tous ses efforts (t. 3, page 9) pour mettre les cultivateurs en garde contre ce qu'il appelle *une erreur;* il regarde les meilleures descriptions comme insuffisantes pour mettre un cultivateur en état de faire construire une charrue: à peine croit-il même qu'on puisse imiter un instrument qu'on a fait venir pour modèle, du pays où il est en usage. Il serait fort malheureux que cette opinion fût fondée; mais mon expérience m'a appris qu'il faut réduire de beaucoup ces prétendues difficultés.

Quelque répugnance que j'éprouve à entretenir mes lecteurs de moi et de ce que j'ai fait, il faut bien citer ici mon expérience ; car dans un sujet semblable, un fait a bien plus de force que tous les raisonnemens possibles.

Lorsque j'ai voulu, dans l'automne de 1816, essayer dans mon exploitation la charrue simple, je ne pus trouver dans le pays un ouvrier qui eût même l'idée d'une charrue sans avant-train. Le peu de docilité que je rencontrai dans les charrons et les maréchaux me força à employer d'abord à cette construction un charpentier et un serrurier qui n'avaient jamais touché une charrue. Je n'avais aucun modèle sous les yeux, et je n'avais moi-même jamais conduit ni examiné de très-près une charrue simple ; j'étais forcé de me diriger uniquement, dans cette construction, sur les descriptions publiées et sur les principes de théorie que je m'étais faits sur la matière. D'un autre côté, je n'aurais pu trouver dans les environs un laboureur qui eût jamais manié une charrue simple : j'avais donc contre moi tous les genres de difficultés réunis ; aussi les premiers labours exécutés avec ces charrues furent-ils détestables. Mais, dès les premiers essais, je sentis la possibilité du succès ; en peu de mois, les plus grands obstacles ont été surmontés, et bientôt ces charrues ont été amenées au point de marcher aussi bien que je pouvais le désirer, en me procurant une économie considérable sur la force de tirage. J'emploie aujourd'hui trois espèces de charrues simples : une charrue pesante, imitée de celle de *Small*, et destinée aux labours profonds en terre argileuse ; une autre charrue plus légère, pour les labours moins profonds ; enfin une charrue à deux versoirs, pour tirer les sillons d'écoulement, etc. Ces charrues exécutent aujourd'hui un labour parfait, et qui approche autant du labour de la bêche qu'on peut l'attendre de cet instrument ; les billons qu'elles forment sont d'une propreté et d'une régularité dont on n'avait pas d'idée dans le pays. Les mêmes garçons laboureurs que les premiers essais avaient rebutés, et qui ne les employaient qu'avec quelque répugnance, mettent aujourd'hui une espèce d'amour-propre à les conduire, et ce ne serait qu'avec regret qu'ils seraient forcés d'en abandonner l'usage. On jugera facilement d'après cela, que tout agriculteur qui pourra se procurer une charrue simple bien construite, dans un canton où elle est en usage, n'éprouvera que peu de difficulté pour l'introduire chez lui. Il ne faut pour cela que deux choses : un peu de persévérance, et quelque adresse à l'égard des domestiques pour les déterminer à *vouloir*.

J'aurais certainement gagné beaucoup de temps, si j'avais pris le parti de faire venir d'abord une bonne charrue simple ; c'est probablement ce que j'aurais fait, si j'avais été sûr que la charrue employée dans tel canton convenait à la nature des terres que je cultive. Mais je suis loin de regretter les peines que je me suis données pour arriver à cette construction ; car ce sont les difficultés que j'ai rencontrées, qui m'ont forcé à une étude approfondie de l'action des diverses parties de la charrue, et qui ont servi à rectifier beaucoup d'idées fausses que je m'étais faites sur cette matière.

J'avais éprouvé encore bien moins de difficultés, quelques années auparavant, pour introduire dans mon exploitation l'usage de quelques autres instrumens d'agriculture perfectionnés, comme l'extirpateur, la houe à cheval, le rayonneur, le semoir pour les graines fines, que j'ai fait exécuter sans difficulté, d'après les descriptions qui en ont été données, et que les ouvriers que j'emploie construisent aujourd'hui très-bien. Dès les premiers momens, ces divers instrumens ont fort bien atteint leur but ; je les emploie depuis plus de six ans, et je n'hésite pas à dire que j'abandonnerais entièrement l'agriculture, si j'étais forcé de me priver de leur emploi.

Je dois ici rendre témoignage des services que m'a rendus, pour la construction et l'usage de tous ces instrumens, et spécialement des charrues, un ouvrage publié par M. *Thaër*, sous le titre de *Beschreibung nutzbarsten neuen ackergerœthe*, et auquel le même auteur renvoie souvent son lecteur dans le cours de ses *principes raisonnés d'agriculture*. C'est sans contredit l'instruction pratique la plus précise et en même temps la plus détaillée qui ait paru, dans quelque langue que ce soit, sur la construction des instrumens aratoires perfectionnés; avec son secours il n'est personne qui ne puisse se promettre un succès complet, en faisant construire le plus grand nombre des instrumens qui y sont décrits. Je ne puis assez m'étonner qu'un ouvrage aussi important n'ait pas encore été traduit dans notre langue. J'espère réparer sous peu cet injuste oubli, et en présenter une traduction aux agriculteurs français ; les difficultés qu'on éprouve en province pour faire exécuter des planches gravées avec quelque soin, en ont seules retardé la publication depuis un an.

RAPPORT à M. le baron SEGUIER, préfet du département de la Meurthe, par M. VAUTRIN, au nom d'une commission spéciale chargée d'examiner une nouvelle charrue sans avant-train, construite par M. MATHIEU DE DOMBASLE.

MONSIEUR LE PRÉFET,

Vous avez chargé MM. *Lamoureux*, *Mengin*, *Jaquiné*, *Mandel*, *Mathieu* et *Vautrin* de voir opérer et d'examiner une charrue construite sur un nouveau dessin par M. *Mathieu de Dombasle.* Ils se sont transportés, le 3 novembre 1819, sur le terrain indiqué, où la charrue dont il s'agissait a été mise en œuvre en même temps qu'une charrue ordinaire travaillant à côté pour établir la comparaison : celle-ci était attelée de six bons chevaux, l'autre n'en avait que deux qui n'étaient pas meilleurs. La première avait deux hommes pour la servir ; la seconde n'en avait qu'un, tenant le manche de la charrue d'une

main , et de l'autre un fouet dont il n'a fait aucun usage. Au départ des deux charrues , celle
à deux chevaux a eu bientôt dépassé l'autre à
six , et semblait n'éprouver qu'une faible résistance. Le travail examiné de part et d'autre ne
présentait d'autre différence qu'un peu plus de
largeur dans le sillon tracé par la charrue ordinaire et un peu plus de profondeur. Le sol
nous ayant paru trop léger, quoique fort hu-
mide, nous avons fait passer les deux charrues
sur une terre plus forte, et fait donner au sillon de la nouvelle plus de profondeur : même
résultat et presque la même facilité pour la
moins attelée des deux charrues.

La commission n'a pas jugé cette seconde expérience suffisante, parce que la terre qu'on
avait présentée comme plus forte était la même
que la précédente, aux cailloux près dont elle
était entremêlée. Elle aurait voulu qu'on essayât
les charrues sur des terrains compactes, fort
communs dans le département. Un cultivateur
présent, à qui appartenait la charrue de comparaison, se chargea de cette épreuve sur ses propres
terres, les plus fortes du pays. (Nous donnerons
plus bas le rapport qu'il en a certifié.) MM. les
commissaires ont passé ensuite à l'examen compa-

ratif des deux charrues. Celle dont on fait usage dans le département est munie d'un avant-train. Les deux roues sont d'égal diamètre ; mais différens dans les diverses charrues, parce que les laboureurs ne s'accordent pas sur l'avantage des roues grandes ou petites, non plus que sur celui des jantes en fer ou en bois. L'égalité des deux roues a l'inconvénient de faire pencher le train du côté de la roue qui entre dans le sillon. Le versoir est en bois, fort long, et légèrement contourné. Le sep en bois est fort long aussi, il est rarement garni d'une bande de fer sur sa surface inférieure; l'age, très-allongé, appuie sur l'avant-train, qu'il presse d'autant plus que le labour est plus difficile. Cette pression verticale fait enfoncer les roues et augmente la résistance. Le soc forme un triangle rectangle , placé de manière que la pointe antérieure trace le côté gauche du fond de la raie ; les côtés de l'angle droit ont 11 pouces de longueur et quelquefois davantage, afin d'enlever les mottes plus larges, comme si plus de terre enlevée abrégeait la besogne, quand elle est retardée par plus de résistance et qu'elle est mauvaise dans une terre compacte qui ne peut être aménuisée par la herse. Il est certain que plus les raies sont étroites, mieux vaut le labour. Le coutre est placé obliquement un peu en avant de la pointe du soc. Cette charrue s'attèle ordinairement de six chevaux, très-rarement de quatre, et bien plus fréquemment de huit, dix et même davantage. Deux hommes sont nécessaires pour la conduire; il en faut trois si elle a plus de huit chevaux.

La nouvelle charrue est simple ou araire, c'est-à-dire sans avant-train. Le versoir est en fer forgé, court et très-contourné; le sep, beaucoup plus court aussi que celui de la charrue usitée, est garni de fer sur la face inférieure et sur la face latérale gauche, qui rase la terre. Le soc a la forme ordinaire et ne prend en général que 9 pouces de terre. Le coutre, presque vertical, est placé en arrière de là pointe du soc près de la gorge de la charrue. La charrue n'a qu'un seul manche, qui suffit au conducteur et lui laisse une main libre pour conduire les chevaux, dont il se trouve rapproché. L'age est à-peu-près horizontal et de moitié plus court que celui des autres charrues; il porte à sa partie antérieure le régulateur, espèce d'étrier en fer forgé qui permet d'élever ou d'abaisser le crochet auquel la volée est attachée, selon qu'on veut un labour plus ou moins profond, et de placer ce crochet sur une ligne horizontale plus à droite ou plus à gauche pour étendre ou rétrécir la largeur de la voie.

On peut concevoir par cette description comparative la facilité du travail avec la nouvelle charrue. Elle est débarrassée d'un avant-train qui ne sert qu'à la transporter, et qui nuit par son poids et sa résistance, sur-tout dans des terrains mous ou tenaces. Elle est légère, étant peu chargée de bois, et son fer, placé aux endroits les plus exposés aux frottemens, glisse plus facilement que du bois et ne s'encroûte pas. Elle est tellement combinée, que les chevaux qui la tirent presque horizontalement n'ont à vaincre que la résistance du soc : celle du versoir, court et bien contourné; celle du coutre, qui ne coupe qu'une terre déjà soulevée, ajoutent peu à la principale résistance.

Ces considérations ont engagé l'inventeur à la préférer pour son usage aux charrues du pays. Il n'en emploie pas d'autre depuis trois ans; il y trouve économie de construction (on pourrait la construire pour 80 fr., les autres coûtent 150 et 200 fr.), de chevaux et même de temps, et on obtient un meilleur labour.

Convaincu par l'expérience des avantages de sa charrue, M. *Mathieu de Dombasle*, plus occupé encore des intérêts du public que des siens propres, aurait à cœur qu'elle fût connue. Déjà certains cultivateurs qui l'ont essayée, ont résolu de ne pas en employer d'autres. Voici le témoignage qu'en a rendu un des plus habiles laboureurs de notre département.

« Après plusieurs essais comparatifs que j'ai faits de la charrue sans avant-train de M. *de Dombasle*, j'ai reconnu qu'elle peut, avec l'attelage de deux chevaux, labourer dans toutes les terres, même les plus fortes ; le labour qu'elle exécute est en général très-bon. J'estime qu'elle peut faire autant d'ouvrage que les charrues ordinaires attelées de six à huit chevaux, et s'il y avait de la différence, elle serait très-peu considérable. Je pense qu'il serait très-avantageux qu'elle fût adoptée par les cultivateurs. Les seuls obstacles à son adoption seraient peut-être dans la difficulté de son exécution, qui paraît exiger beaucoup de justesse, et dans le défaut d'habitude de la part des garçons de charrue ; car sans être plus difficile à conduire que nos charrues ordinaires, il faut cependant faire connaissance avec elle. »

Telles sont, M. le préfet, les considérations que votre Commission a l'honneur de vous exposer et que vous pouvez juger, puisque vous avez assisté à l'essai de la nouvelle charrue, MM. les commissaires sont persuadés que son adoption procurerait de grands avantages à l'agriculture dans votre département.

Nancy, le 17 décembre 1819,

Signé VAUTRIN, *rapporteur.*

Pour copie conforme :

Le Conseiller de préfecture, secrétaire général,

HALTE DE CHEVILLY.

RAPPORTS

Sur le mémoire de M. Mathieu de Dombasle, *concernant la charrue;*

Par M. Héricart de Thury.

PREMIER RAPPORT.

Séance du 15 décembre 1819.

M essieurs,

Depuis plusieurs années, vous vous êtes atta-chés à faire reconnaître les diverses espèces de charrues employées en France ou dans l'étran-ger. De toutes parts, on vous a adressé des des-criptions et des dessins; plusieurs modèles vous ont été présentés; des essais ont été faits par vos ordres; enfin, des prix et des médailles ont été décernés, mais, en les distribuant, vous avez reconnu, vous avez même annoncé que per-sonne n'avait encore traité à fond et véritablement analysé ou résolu la question la plus importante et la plus essentielle, celle que vous aviez proposée et à laquelle vous mettiez le plus grand prix, celle de la *théorie* de la charrue, le premier, le plus ancien et le plus précieux de tous nos instrumens, le plus grand bienfait que les peuples civilisés aient pu transmettre aux peuples sauvages de l'Ancien et du Nouveau Monde, qui n'en avaient aucune notion.

Plusieurs auteurs ont bien fait des recherches à cet égard, plusieurs ont même cherché à déterminer quelle était la meilleure espèce de charrue, ou le meilleur mode de construction ; quelques-uns ont fait des essais comparatifs, et ont publié les précieux résultats de leurs expériences ; enfin, d'autres ont donné d'excellens traités sur les instrumens aratoires, ou sur leur construction, et, parmi eux, nous devons particulièrement distinguer *Pictet, Sommerville, Arbuthnot, Thaër, Cook, Adams, Amoreux, Jefferson, Tull, Despommiers, Duhamel du Monceau, de la Levrie, Châteauvieux, Tweed, Ducket*, etc., etc., dont les opinions sont et seront toujours du plus grand poids ; mais tous ces traités, ces mémoires, ces descriptions et tous les résultats d'expériences, quelque précieux qu'ils soient, ne peuvent encore suppléer

à la théorie de la charrue, que vous aviez de-
mandée.

M. *Mathieu de Dombasle*, dont vous avez
été déjà si fréquemment à même d'apprécier les
travaux, et auquel vous devez une foule d'observations du plus grand intérêt, après avoir
reconnu combien étaient peu fondées les théo-
ries présentées jusqu'à ce jour sur la meilleure
espèce de charrue, a essayé de réunir quelques
principes sur sa composition. En étudiant les
différentes opinions des auteurs que nous venons de citer, en examinant leurs principes et
en vérifiant leurs conséquences, M. *Mathieu* a
successivement analysé tous les effets produits
par la charrue, il les a rattachés à diverses
propositions de dynamique; et après avoir fixé
ses idées à leur égard, il s'est livré à l'examen
de l'une des plus importantes questions de la
théorie de cet instrument, celle des avantages
ou des inconvéniens de l'*avant-train*, regardé,
dans quelques pays, comme indispensable, et
jugé au contraire, dans quelques autres, comme
nullement nécessaire ou même comme préjudi-
ciable (1); enfin, M. *Mathieu de Dombasle* nous

---

(1) Les plus anciennes charrues, celles des Égyptiens,
des Grecs, des Latins, des Chinois, etc., etc., sont toutes

paraît être le premier qui ait véritablement traité à fond cette question, et qui ait donné une *Théorie de la charrue*, en l'établissant sur des principes de mécanique incontestables. Nous allons essayer de vous donner une idée de son travail, autant que les bornes dans lesquelles nous sommes obligés de renfermer ce rapport, pourront nous le permettre.

M. *Mathieu* entre en matière par quelques observations préliminaires sur la forme du corps de la charrue, et sur le mécanisme au moyen duquel il détache, soulève et renverse la bande de terre sur laquelle il exerce son action. Il considère cette forme comme dérivant de celle de deux coins accolés, ou plutôt confondus ensemble à leur base. L'un, qu'il appelle le *coin antérieur*, parce que son tranchant se trouve placé un peu en avant de celui de l'autre, a une de ses faces horizontales : c'est le plan qui est formé par la face inférieure du soc et du sep,

---

sans avant-train. *Pline*, en parlant des charrues, ne dit pas quelles sont les plus avantageuses de celles qui ont ou qui n'ont pas d'avant - train ; il dit seulement : *Non pridem inventum in Rhætiâ Galliæ, ut duas adderent alii rotulas, quod genus vocant plaumorati :* « dans la
» Rhétie Gauloise, on s'est avisé, il n'y a pas long-
» temps, d'ajouter deux petites roues aux charrues, d'où
» elles ont pris le nom de *plaumorati.* »

ainsi que par le bord inférieur du versoir, qui touchent le fond du sillon; le tranchant du coin, qui est horizontal et dans le même plan, ne représente pas la partie tranchante du soc. L'autre coin, qu'il appelle le *coin postérieur,* est placé à angle droit sur le premier; il a une de ses faces verticale : c'est celle qui, dans les charrues ordinaires, forme la face gauche du corps de la charrue, celle qui glisse contre l'ancien guéret. Le tranchant de ce second coin se trouve placé dans un plan vertical à la gorge de la charrue.

Après avoir considéré de cette manière le corps de la charrue, M. *Mathieu* détermine à quel point on doit placer le centre de la résistance qu'il éprouve dans son action, et il trouve :

1°. Que la ligne de résistance est dans l'axe même du coin et passe par son tranchant, s'il agit en partageant en deux parties égales l'angle formé par le coin, comme par le *ciseau à deux biseaux* ou *fermoir* des menuisiers;

2°. Qu'elle est, dans le plan de la face du coin, parallèle à la ligne de mouvement, en passant toujours par le tranchant, si le coin agit comme le *ciseau à un seul tranchant,* tel que le *bec-d'âne* du charpentier;

3°. Que, dans l'action du coin en général, il

est indifférent que la puissance soit appliquée à
la base du coin par percussion oû par pression,
ou bien au tranchant par une force de traction;
mais que, dans tous les cas et pour qu'elle produise le plus grand effet possible, il est nécessaire qu'elle soit appliquée dans la direction de
la ligne de résistance;

Et 4°. que les deux coins qui composent la
charrue, étant de la dernière des deux espèces,
la ligne de résistance du coin antérieur sera une
ligne droite, placée au fond du sillon, dans le
milieu de sa largeur et parallèle à sa direction;
que celle du coin postérieur sera une ligne
droite, placée sur la face gauche du corps de la
charrue, à moitié de la profondeur du sillon et
parallèle à sa direction; que si on imagine un
plan passant par ces deux lignes parallèles entre
elles, la résultante des deux lignes de résistance
se trouvera, dans ce plan, à égale distance des
deux lignes; enfin, que le point où cette résultante rencontre la surface supérieure du soc ou
celle du versoir, sera le point qui doit être considéré comme celui où est accumulée la résistance que le corps de la charrue éprouve dans
son action; détermination parfaitement conforme à celle qu'on peut déduire de l'expérience
de la charrue simple.

(85)

D'où il suit, que, pour que la force motrice
fût employée dans la charrue de la manière la
plus utile, il faudrait 1°. qu'elle agît, soit en
avant en tirant, soit en arrière en poussant,
dans le prolongement de la ligne de la résistance, qui se trouve sur la surface du sol et parallèle à cette surface;

2°. Que le moteur se trouvât également sous
la surface du sol, à la même profondeur que la
ligne de résistance;

Et 3°. Que le moteur, ne pouvant se trouver
dans le prolongement de cette ligne, et étant
même à une certaine hauteur au-dessus du sol,
il en résulte un tirage oblique, semblable à celui
d'un bateau tiré du rivage par des chevaux; ce
qui donne lieu à une décomposition de la force
motrice, et par conséquent à une perte considérable de cette force, et malheureusement à
une perte inévitable, quel que soit le genre de
charrue, parce qu'elle résulte de la nature des
choses.

D'où l'on peut encore conclure, 1°. que plus
est basse la partie du corps des animaux par
laquelle ils tirent, et moins il y a de perte de
force, puisque l'angle que forme la ligne du tirage avec l'horizon devient moins ouvert;

2°. Que, sous ce rapport, le tirage des petits

chevaux se fait avec plus d'avantage que celui des grands;

Et 3°. que le tirage des bœufs par le joug est supérieur à celui des chevaux, avantage plus que suffisant pour balancer leur infériorité de force.

Nous regrettons de ne pouvoir suivre M. *Mathieu* dans la série de conséquences qu'il déduit successivement les unes des autres, ainsi que vous venez de le voir, et qu'il développe d'une manière entièrement neuve et présentant le plus grand intérêt. Obligés de nous réduire à l'examen de ses principes, nous n'osons nous flatter de réussir à vous faire apprécier, autant que nous le désirerions, la clarté, la précision, le mérite et l'esprit d'analyse qui caractérisent sa théorie, principalement basée sur les quatre propositions suivantes de dynamique, d'une telle simplicité et d'une telle évidence, qu'elles ont, dit-il avec raison, plutôt besoin d'explication que de démonstration :

1°. Dans toute machine, lorsque le mouvement se transmet de la puissance à la résistance par l'intermédiaire d'un corps inflexible, la transmission du mouvement se fait dans une ligne droite, tirée du point d'application de la puissance à celui de la résistance, quelle que soit d'ailleurs la forme du corps inflexible.

2°. Si, entre le corps inflexible interposé entre la puissance et la résistance, on suppose un corps flexible, tel qu'une corde ou une chaîne, les trois points de la résistance, de la puissance et de l'attache (le point où la corde est fixée au corps inflexible) tendront toujours à se placer dans une même ligne droite, et lorsqu'ils y seront arrivés, la puissance agira, comme si elle était immédiatement appliquée à la résistance, ou comme si le point d'attache de la corde se trouvait au point de la résistance.

3°. Si la puissance ne s'exerce pas dans la direction de la résistance, et qu'elle forme avec la ligne horizontale un angle aigu, il en résultera une décomposition, et par conséquent une perte dans la force motrice.

4°. Si la puissance, en formant avec la ligne horizontale un angle plus aigu encore, en forme elle-même un autre avec le corps inflexible au point d'attache, les trois points, selon la seconde proposition, tendront à se placer dans une même ligne droite; mais, par la disposition de la machine, le point d'attache ne pouvant se mettre en direction avec la puissance et la résistance, il y aura une nouvelle décomposition de force, et une partie de la puissance se perdra, en produisant une pression perpendiculairement à l'horizon, au-dessous du point d'attache.

Il est très-vrai, et vous le reconnaîtrez vous-mêmes, Messieurs, que ces principes se présentent journellement dans le tirage de la charrue avec ou sans avant-train, qui n'est réellement qu'un corps inflexible, de forme irrégulière, par l'intermédiaire duquel l'action de la puissance se transmet à la résistance ; mais il est cependant essentiel de considérer qu'outre cette partie inflexible de la machine, il y a aussi une partie flexible, celle des traits des chevaux ou des chaînes des bœufs, depuis le point de leur corps où se fait le tirage, jusqu'au point d'attache ou des traits des chaînes à la charrue.

Toute la théorie de M. *Mathieu* repose sur les quatre propositions que nous venons de voir ; c'est d'elles qu'il dérive tous ses principes et tous ses théorèmes ; c'est d'elles qu'il tire les conséquences les plus justes, les plus claires et les plus satisfaisantes ; c'est enfin par leur application qu'il établit comparativement les différences, les avantages et les inconvéniens de la charrue simple et de la charrue composée. Il faut voir dans son mémoire la manière sous laquelle il présente et développe successivement ses propositions et ses idées, qui sont les résul-

tats de nombreuses observations faites avec autant de soin que de discernement, et d'autant
plus précieuses, que M. *Mathieu* a lui-même
opéré et fait ses essais de comparaison, malgré
toutes les difficultés, les entraves et les oppo-
sitions qu'il a rencontrées ou éprouvées dans
ses premières expériences.

Obligés, par les bornes de ce rapport, à nous
réduire aux faits les plus importans, nous allons
rapidement vous exposer les principaux théorèmes établis par M. *Mathieu* en suite de ses
quatre propositions.

1º. Dans l'araire, ou charrue simple, le point
d'attache est toujours placé à l'extrémité antérieure de l'age.

2º. Quelques charrues simples ou sans avant-
train portent, dans la partie antérieure de l'age,
une espèce de jambe qui se termine par une
petite roue ou par un sabot. Si, dans son action, la charrue presse habituellement sur cette
partie, elle devient charrue à avant-train; si
cette partie n'est destinée qu'à prévenir un trop
grand abaissement de la pointe de l'age sans lui
fournir un appui, la charrue n'est qu'un araire.

3º. Dans la charrue simple, la puissance, le
point d'attache et la résistance sont toujours
placés dans la même direction, et le moteur

exerce la même action que si les traits s'étendaient jusqu'au point de la résitance et y étaient
attachés.

4°. Dans la charrue à avant-train, le point
d'attache forme toujours une ligne droite, de
l'épaule des chevaux à la résistance.

5°. Lorsque, dans cette charrue, les trois points
sont dans la même direction, la décomposition
de force qui a lieu est la même que dans la charrue simple; les roues ne contribuent en rien à
diminuer ou augmenter la force nécessaire au
tirage, leur seule action est celle d'une pression
sur le sol.

6°. Si le point d'attache se trouve placé au-
dessus de la ligne du point de la puissance à
celui de la résistance, il y a une double décomposition de force, parce qu'une partie de la
puissance exerce sur l'avant-train une action
verticale.

7°. Si le point d'attache est au contraire plus
bas, il y a encore double décomposition de force,
parce qu'une partie de la puissance tend alors
à soulever l'avant-train.

8°. La perte de force occasionnée par l'obliquité du tirage est au minimum dans la charrue
simple.

9°. La plus grande perfection à laquelle puisse

atteindre la charrue composée, est d'égaler la charrue simple dans le minimum de perte de force.

Outre ces deux décompositions de force dont nous venons de parler, M. *Mathieu* en reconnaît encore une autre, plus facile à sentir et à comprendre qu'à calculer, qui établit les plus grandes différences entre les forces motrices nécessaires pour les deux charrues. Une série de faits recueillis dans les opérations journalières du laboureur, soit qu'il veuille faire pénétrer sa charrue dans la terre, soit qu'il veuille l'en faire sortir, soit qu'il veuille la faire piquer plus avant, ou lui donner plus d'*entrure*, soit enfin qu'il veuille diminuer la profondeur du sillon, lui sert à démontrer cet important théorème, dont l'exposition amène naturellement les conséquences suivantes :

1°. Il existe une différence énorme entre les forces de tirage qu'exigent la charrue simple et la charrue composée;

2°. Aucune pression exercée par l'age sur le sol par l'intermédiaire de l'avant-train, ne peut avoir lieu sans une perte considérable sur la force motrice;

Et 3°. l'avant-train ne cesse d'être nuisible

sous le rapport de la force nécessaire au tirage, que du moment où il devient inutile.

A l'appui de ces corollaires, M. *Mathieu* rapporte divers exemples pris dans tout pays, pour comparer ou mettre en opposition les attelages des deux espèces de charrues, et faire voir la différence des forces motrices réellement nécessaires à l'une et à l'autre.

Parmi les nombreuses propositions que présente l'excellent mémoire de M. *Mathieu*, dont il aurait mieux valu, Messieurs, vous donner lecture, que d'en faire une analyse inexacte et insuffisante à nos propres yeux, nous nous sommes particulièrement arrêtés sur les suivantes, qui nous ont paru dignes de fixer votre attention.

1°. L'excès d'*entrure*, demandé pour un labour profond dans un sol argileux et compacte, détermine une décomposition de force, qui accroît dans une proportion énorme, en augmentant la divergence des tendances, la pression de l'age sur l'avant-train, et toute la perte de la force motrice qui en résulte : d'où il suit que la force du tirage doit augmenter dans le rapport de la résistance et dans celui de la décomposition de la force.

2°. La faiblesse de l'attelage communément

employé à l'araire ou charrue simple a pu donner lieu à l'opinion répandue généralement,
qu'elle ne convient qu'aux sols meubles et d'une
culture facile; erreur d'autant plus grave et
d'autant plus essentielle à relever, que des deux
charrues, c'est au contraire celle qui produit le
plus d'effet, et avec le moins de perte de force
motrice, dans les terrains les plus compactes.

3°. L'avant-train, qui n'augmente ni ne di-
minue la force nécessaire au tirage, ne peut être
considéré comme un moyen indispensable pour
diriger la charrue, que lorsqu'elle est mal construite.

4°. Toute charrue simple peut être facilement
convertie en charrue composée, en augmentant
suffisamment son *entrure*, tandis que celle-ci
ne peut être convertie en charrue simple en en
changeant *l'entrure*.

5°. La charrue simple exige la plus grande
précision dans sa construction, puisque, lorsqu'elle opère dans un sillon, l'action du laboureur doit se réduire à bien établir sa direction,
vu que n'ayant aucun appui à la partie antérieure de l'age, le plus léger changement dans
le placement du coutre, ou dans l'attache des
traits trop courts ou trop longs, rend la marche
de la charrue irrégulière et souvent même im-

possible. Lorsqu'elle est bien construite, elle donne lieu à la moindre résistance, et la force du tirage est toujours au minimum.

6°. La charrue à avant-train peut mieux supporter les imperfections, parce que la position fixe de l'extrémité antérieure de l'age, qui ramène invinciblement la pointe du soc dans sa direction, corrige tous les défauts; mais c'est en augmentant la résistance par la diversité des tendances, et en exigeant par conséquent une plus grande force motrice.

7°. La charrue simple, bien construite, n'est point difficile à conduire. La plus grande difficulté ne provient que de la peine qu'éprouve le laboureur à se déshabituer des efforts violens qu'il faisait avec la charrue à avant-train. Sa conduite est même simple et facile pour l'homme qui n'a jamais labouré, s'il est doué de quelque intelligence.

8°. Enfin, l'araire convient pour toutes sortes de terrains, et elle réussit même mieux dans les terrains compactes, que la charrue composée, dont les roues sont souvent engagées au point de ne faire qu'une masse avec le corps de la charrue et la bande de terre à soulever.

M. *Mathieu*, qui a poussé aussi loin que possible, et jusque dans les plus petits détails, ses recherches comparatives sur l'action des deux charrues, après avoir développé avec tant de soins, de clarté et de précision, tous les avantages de la charrue simple, déclare avec franchise qu'il est persuadé qu'elle exige un peu plus d'attention et d'intelligence de la part du laboureur; mais à cet égard, nous ne pouvons mieux faire que de le laisser parler lui-même, ne doutant pas, Messieurs, de l'intérêt que vous éprouverez à l'entendre.

« La plus grande difficulté n'est pas de conduire la charrue simple, mais de se déshabituer des efforts violens qu'on est obligé de faire avec les charrues à avant-train, et de s'accoutumer aux mouvemens différens que l'autre exige. En effet, pour faire *piquer* la charrue, il faut soulever le manche, au lieu d'y porter tout le poids du corps comme avec la charrue composée; et pour prendre moins de profondeur, ou pour faire sortir la charrue de terre, il faut appuyer sur le manche, au lieu du mouvement contraire qu'on fait communément pour obtenir le même effet. Tout cela ne laisse pas de présenter quelques difficultés pour un homme chez qui une longue habitude a rendu ces mouvemens, pour ainsi dire, mécaniques; et pour peu que la mauvaise volonté s'en mêle, il y aura impossibilité

absolue. La conduite d'une charrue simple sera
bien plus facile pour l'homme qui n'a jamais
labouré ; deux ou trois leçons lui suffiront pour
le mettre en état de la conduire parfaitement.

» Je déclare, toutefois, que je suis persuadé
que la charrue simple exige un peu plus de
soins, d'attention et d'intelligence de la part du
laboureur, que la charrue à avant-train. Le plus
difficile n'est pas de conduire la charrue, c'est
de l'*établir*. J'ai dit combien cet instrument est
sensible, et il faut réellement quelque habitude
pour découvrir promptement, lorsque la charrue va mal, quelle correction il faut y apporter.
Ces corrections ne peuvent cependant avoir que
trois objets : *la position du coutre*, celle *du régulateur* et *la longueur des traits des chevaux*,
ou de la *chaîne des bœufs*. C'est de la combinaison de ces trois moyens que résulte la régularité de la marche de la charrue, si elle est bien
construite ; mais s'il y a quelque vice dans sa
construction, ce qui peut arriver avec la meilleure charrue, lorsqu'on y fait quelque réparation, lorsqu'on fait *rechausser* un soc, ou lorsqu'on en fait faire un neuf, il faut aussi que le
laboureur puisse découvrir et faire corriger ces
défauts. C'est dans tout cela que se rencontre la
plus grande difficulté lorsqu'on emploie pour

la première fois une charrue sans roues; car, en la supposant bien construite et bien établie, elle marche pour ainsi dire seule.... Un peu d'habitude est tout ce qui est nécessaire.»

Si la conduite de la charrue simple exige un peu plus d'attention que celle de la charrue à avant-train, elle exige aussi beaucoup moins de force. Il suffit, pour être convaincu de cette vérité, d'avoir observé la démarche et la position des laboureurs qui conduisent l'une et l'autre (1). Par-tout où la charrue simple est en usage, on remarquera la même aisance dans la démarche du laboureur; par-tout on pourra se convaincre que ses efforts sont bien moins considérables que ceux qu'exige la charrue composée.

« Les premières charrues ont été construites sans avant-train. Comment donc cette partie qui augmente la résistance et la fatigue du laboureur a-t-elle été adoptée dans tant de pays et

______

(1) *Pictet*, dans sa description de la charrue d'Azigliano, s'exprime ainsi : « Les bœufs n'ont point l'air de » faire un effort considérable, et le laboureur n'a point » de peine. Il chante, il siffle, il fait tout bas la conversa- » tion avec ses bœufs; on voit qu'il ne fait pas un métier » fatigant; la régularité des sillons est merveilleuse, etc. » Bibliot. Brit. Agric. anglaise, tome X, page 355. »

regardée comme un perfectionnement?.... L'idée première de l'avant-train n'a jamais pu naître dans l'esprit d'un homme qui connut bien la construction et la marche de la charrue simple. Il me paraît très-probable que cette idée a été le résultat de quelques difficultés qu'on aura éprouvées pour régler la marche d'une mauvaise charrue. Cette machine, toute simple qu'elle paraît, est soumise dans sa construction à des règles infiniment plus compliquées qu'on ne serait tenté de le croire au premier coup d'œil... Au reste, si l'avant-train, lorsqu'il a été ajouté à la charrue, a été considéré comme un perfectionnement, dans l'état actuel de nos arts industriels, il faut que tous les cultivateurs éclairés sachent, 1º. que les charrues les plus parfaites sont celles qui peuvent marcher régulièrement sans avant-train; 2º. que lorsque par son addition on prétend éluder les difficultés que présente la construction de la charrue, on n'y parvient qu'au moyen d'une augmentation inévitable de la force nécessaire au tirage; et 3º. enfin, que lorsqu'on aura travaillé à apporter à la charrue composée toutes les améliorations dont elle est susceptible; lorsqu'on aura construit une charrue composée, la plus parfaite qu'il soit possible dans son genre, cette charrue *n'aura plus besoin d'avant-train*, on pourra *le supprimer sans aucune difficulté*, *et cette soustraction sera encore un perfectionnement.* »

A la suite de cet excellent mémoire, se trouvent, par appendice, deux paragraphes détachés, contenant, l'un, diverses considérations sur le degré d'importance des améliorations dans la construction de la charrue; l'autre, quelques observations sur l'introduction des nouveaux instrumens d'agriculture dans une exploitation rurale. Rien de plus sage, de mieux pensé, de plus réfléchi. M. *Mathieu de Dombasle* a heureusement surmonté sa répugnance à entretenir de lui ses lecteurs, pour répondre à la question suivante dont vous jugerez l'importance, et au sujet de laquelle il nous a cité sa propre expérience, *un fait ayant*, dit-il, *plus de force que tous les raisonnemens.*

« *En admettant la supériorité de la charrue simple, doit-on conseiller à un cultivateur qui fait usage de la charrue composée, de lui en substituer une plus parfaite; et l'espoir du succès est-il assez fondé pour qu'il doive se donner les soins et faire les frais qu'entraine nécessairement ce changement?* » Écoutons M. *Mathieu* répondre à cette question, qui nous rappelle ce principe de *Caton*, de *Pline*, d'*Olivier de Serres*, de *la Salle*, de *Liébaut* et de plusieurs autres auteurs, *qu'il ne faut point changer le soc du laboureur.*

« Lorsque j'ai voulu, dans l'automne de 1816, essayer dans mon exploitation la charrue simple, je ne pus trouver dans le pays un ouvrier qui eût même l'idée d'une charrue sans avant-train. Le peu de docilité que je rencontrai dans les charrons et dans les maréchaux, me força d'abord à employer à cette construction un charpentier et un serrurier qui n'avaient jamais touché une charrue. Je n'avais aucun modèle sous les yeux, et je n'avais moi-même jamais conduit ni examiné de très-près une charrue simple ; j'étais forcé de me diriger uniquement, dans cette construction, sur les descriptions publiées et sur les principes de théorie que je m'étais faits sur la matière. D'un autre côté, je n'aurais pu trouver dans les environs un laboureur qui eût jamais manié une charrue simple. J'avais donc contre moi tous les genres de difficultés réunis ; aussi les premiers labours exécutés avec cette charrue furent-ils détestables. Mais dès les premiers essais, je sentis la possibilité du succès ; en peu de mois, les plus grands obstacles ont été surmontés, et bientôt ces charrues ont été amenées au point de marcher aussi bien que je pouvais le désirer, en me procurant une économie considérable sur la force du tirage.

(99)

» J'emploie aujourd'hui trois espèces de charrues simples; savoir : 1º. une charrue pesante,
imitée de *Small* et destinée aux labours profonds, dans les terres argileuses; 2º. une autre
charrue plus légère pour les labours moins profonds; 3º. enfin, une charrue à deux versoirs
pour tirer les sillons d'écoulement, etc. Ces
charrues exécutent un labour parfait et qui approche autant du labour de la bêche, qu'on peut
l'attendre de cet instrument. Les sillons qu'elles
forment sont d'une propreté et d'une régularité
dont on n'avait pas d'idée dans le pays. Les
mêmes garçons laboureurs, que les premiers
essais avaient rebutés et qui n'employaient ces
charrues qu'avec quelque répugnance, mettent
aujourd'hui une espèce d'amour-propre à les
conduire, et ce ne serait qu'avec regret qu'ils
seraient forcés d'en abandonner l'usage. On jugera facilement, d'après cela, que tout agriculteur qui pourra se procurer une charrue simple,
bien construite, dans un canton où elle est en
usage, n'éprouvera que peu de difficultés pour
l'introduire chez lui; il ne faut pour cela que
deux choses, un peu de persévérance et quelque
adresse, à l'égard des domestiques, pour les déterminer à vouloir. »

7*

Résumé.

En nous chargeant, Messieurs, d'examiner le mémoire de M. *Mathieu*, nous étions loin de prévoir l'étendue et les difficultés de la tâche qui nous était imposée. Ce mémoire est un des plus importans ouvrages qui nous aient encore été présentés. Il est du genre de ceux qu'on ne peut analyser sans nuire à l'ensemble de la méthode, ou sans craindre d'omettre quelques-uns des principes essentiels de l'auteur. Aussi l'avons-nous suivi pas à pas dans l'examen de ses propositions. Nous nous sommes particulièrement attachés à les réunir par séries, pour faire mieux apprécier l'esprit de l'auteur, ses opinions, sa méthode, son exactitude, enfin la force de raisonnement avec laquelle il a successivement présenté, développé et démontré chacune de ses propositions, en les appuyant de faits ou d'exemples puisés dans la pratique journalière des opérations agricoles, et par conséquent à la portée de tous. L'ouvrage de M. *Mathieu* nous a paru, Messieurs, le traité le plus complet, le plus clair, le plus judicieux et le mieux raisonné ou le plus profond de tous ceux que nous ayons vus jusqu'à ce jour, sur la charrue. Il est dé-pouillé de toutes les formules analytiques, qui

pourraient effrayer les agronomes et les cultivateurs. Toutes les démonstrations, claires et
précises, sont faites par de simples raisonnemens, fondés sur les lois de la dynamique, et
leur explication est facilitée par des figures ré-
duites à des lignes, dont l'ensemble présente
rigoureusement et suffisamment les objets, pour
qu'on les saisisse au premier aspect; c'est, enfin,
une excellente théorie de la charrue; c'est cette
théorie que vous demandiez depuis tant d'années et dont vous n'aviez encore vu que de
faibles essais.

Quant à nos conclusions, nous vous deman-
dons, Messieurs, de nous permettre de les sus-
pendre jusqu'à ce que nous ayons pu faire
des expériences comparatives de l'araire de
M. *Mathieu de Dombasle* et de nos charrues à
avant-train, afin de reconnaître jusqu'à quel
point la pratique peut être ici d'accord avec la
théorie.

Les Commissaires,
Signé YVART, MOLARD, HÉRICART
DE THURY, *rapporteur.*

*EXTRAIT du registre des délibérations de la
Société royale et centrale d'Agriculture.*

Séance du 15 décembre 1820.

La Société, après avoir entendu le rapport

ci-dessus, a ajourné sa délibération sur le mémoire qui en est l'objet, jusqu'à ce que la commission lui ait fait connaître le résultat des expériences comparatives qu'elle se propose de faire avec l'araire de M. *Mathieu de Dombasle* et la charrue à avant-train.

Pour extrait conforme :

Signé SILVESTRE, *secrétaire perpétuel.*

DEUXIÈME RAPPORT

Lu à la séance du 16 février 1820.

Les commissaires que la Société a chargés, sur la proposition qu'ils lui en ont faite, par suite de leur rapport du 15 décembre dernier, de faire des expériences comparatives de l'araire de M. *Mathieu de Dombasle* et de la charrue à avant-train, viennent lui rendre compte aujourd'hui des résultats que leur ont présentés les essais auxquels ils ont soumis ces instrumens.

Les membres de la commission ayant éprouvé quelques difficultés dans leurs premiers essais, soit par l'effet du défaut de connaissances suffisantes de la marche de l'araire, soit par le manque d'habitude de cet instrument, M. *Mathieu de Dombasle* a été invité, au nom de la Société et d'après son autorisation, à vouloir bien envoyer à Paris un homme habitué à se servir de sa charrue, afin d'en diriger la manœuvre dans les expériences.

M. *Mathieu* ayant répondu de suite aux désirs de la Société, par l'envoi du sieur *Bastien*, son chef de culture, les membres de la commission, pour profiter des bonnes dispositions de M. *Dailly*, correspondant de la Société, ont décidé qu'ils se transporteraient à son domaine de Trappes, pour y faire l'essai comparatif de la charrue simple et de la charrue composée :

En conséqnence, le vendredi 11 février, les membres de la commission des instrumens aratoires de la Société royale d'agriculture, et chargés par elle de faire l'essai de l'araire ou charrue simple de M. *Mathieu de Dombasle*, comparativement avec la charrue composée ou à avant-train, se sont rendus en la commune de Trappes, canton de Versailles, chez M. *Dailly* fils, correspondant de la Société royale, avec M. le comte *de Raffetot*; M. *Lesseraye*, propriétaire du grand rucher du Jardin des Plantes; M. *Lefebvre*, maire de Suresne; M. de *Roullée*, propriétaire au Mesnil – Saint – Denis, près de Trappes; M. *Dailly* père, membre de la Société royale d'agriculture, M. *Théophile Barrois* et M. *Hemery*, ancien négociant, aussi versé en agriculture qu'en technologie.

Et, nous étant tous réunis, nous avons cru, avant de procéder à nos essais, devoir examiner préalablement l'une et l'autre charrue, et nous avons reconnu,

1°. Que la charrue de M. *Mathieu de Dombasle* est une charrue simple, sans avant-train, ou un araire proprement dit; que le versoir est en fer forgé, court et très-contourné (1); que le sep, plus court que celui de nos charrues ordinaires, est garni en fer sur la face inférieure et sur la face latérale gauche; que le soc a la forme ordinaire, et ne prend en général que 0^m245 (9 pouces) de terre de largeur, mais qu'il peut entrer jusqu'à 0^m30 de profondeur; que le coutre, presque vertical, est placé en arrière de la pointe du soc, près de la gorge de la charrue; que la charrue n'a qu'un seul manche, qui

------

(1) Cette description est, en tous points, conforme à celle du rapport fait à M. le préfet de la Meurthe, le 17 décembre 1819, par MM. *Lamoureux, Mougin, Jaquiné, Maudel, Mathieu,* et *Vactrin,* rapporteur, sur les expériences comparatives, faites le 3 novembre précédent, de l'araire de M. *Mathieu,* et de la charrue des environs de Nancy.

suffit au conducteur et lui laisse une main libre pour conduire les chevaux, dont il se trouve rapproché ; que l'age est à-peu-près horizontal et de moitié plus court que celui des autres charrues ; enfin, qu'il porte, à sa partie antérieure, le régulateur, espèce d'étrier en fer forgé, qui permet à-la-fois d'élever ou d'abaisser le crochet, auquel la volée est attachée, suivant qu'on veut un labour plus ou moins profond, et de placer le crochet sur une ligne horizontale, plus à droite ou plus à gauche, pour étendre ou rétrécir la largeur de la voie ;

Et 2°. que la charrue de M. *Dailly* est une bonne charrue de Brie, dans la construction de laquelle il a été fait plusieurs perfectionnemens ; que nous la regardons comme un des meilleurs modèles qu'on puisse citer ; que, sous ce rapport, nous pensons qu'on ne pouvait mieux choisir pour faire la comparaison des deux instrumens ; que la haye de cette charrue est droite, que ses deux roues sont d'égal diamètre, que l'essieu est droit et non coudé, que le tranchant du coutre est à 0^m07 ou à 0^m08 de la pointe du soc, et que, du reste, cette charrue différant peu de celle de Brie, qui a été plusieurs fois décrite, nous croyons devoir renvoyer à ces descriptions.

Là terre dans laquelle furent faits nos essais était une bonne terre franche, un peu argileuse, assez forte et un peu fraîche. On y retrouvait des indices d'un bon marnage fait il y a dix-huit ans et opérant encore. Cette terre avait été semée, l'an dernier 1819, en avoine, sur défrichement de luzerne fait l'hiver précédent. Un premier labour avait été donné dans le mois de novembre ; enfin, au moyen du labour qui allait en être fait, cette pièce était destinée à recevoir un blé de mars.

La nature de la plaine de Trappes, et la nécessité d'en mettre les cultures à l'abri de la trop grande humidité qui règne dans le fond des terres, y ont fait adopter le billonnage ou labour par planches. Ces billons ont 10^m environ de largeur ; ils se composent ordinairement de 28 à 30 raies ou sillons de 0^{m}320 à 0^{m}325 de largeur, sur un décimètre environ de profondeur.

La charrue de M. *Mathieu de Dombasle* fut attelée de deux chevaux, et deux charrues de M. *Dailly* furent attelées, l'une de trois chevaux, et l'autre de deux bœufs sous le joug, un cheval en avant.

Les trois charrues s'étant mises en même temps en mouvement, nous avons trouvé que l'araire et la charrue à trois chevaux marchaient à-peu-près également; mais que du manque d'habitude de la part du sieur *Bastien* de mener les chevaux attelés à sa charrue, et, de la part de ceux-ci, de connaître sa voix et ses expressions pratiques, résultait une sorte d'hésitation qui parfois le mettait en retard à l'égard de la charrue à trois chevaux, dont le conducteur, pour ne pas se laisser dépasser, agissait à-la-fois et de la voix et du fouet : tandis que n'ayant pas même de fouet, *Bastien* suivait tranquillement son sillon, en soutenant le manche de son araire et se bornant à jeter à ses chevaux quelques pelotes de terre pour les stimuler. Nous avons cru devoir constater ce défaut d'habitude de *Bastien* de mener les chevaux de l'araire, parce qu'au premier aspect sa marche paraissait inégale ou inférieure à celle de la charrue à trois chevaux, et que, par ce seul motif, on aurait pu en juger défavorablement. Quant à la différence de la marche de l'araire et de la charrue attelée de deux bœufs et d'un cheval, l'avantage était entièrement à l'araire; son allure était infiniment plus prompte et plus aisée.

Sous le rapport de la résistance à vaincre et du tirage, nous avons tous remarqué que les deux chevaux de l'araire ouvraient et suivaient leur sillon avec plus de facilité ; qu'ils paraissaient n'éprouver aucune peine dans le tirage ; que leurs traits étaient à peine tendus ; que les deux autres attelages offraient un tirage plus dur et plus pénible ; qu'ils étaient dans une action de puissance continuelle, et que leurs conducteurs ne soutenaient leur attelée en action constante et uniforme, qu'en les animant du fouet et de la voix.

Quant au travail des trois charrues, nous avons reconnu, en les comparant avec le plus grand soin,

1°. Que la profondeur du labour était la même, qu'elle variait à peine de quelques centimètres, et qu'elle était généralement d'un décimètre, profondeur ordinaire des labours de la plaine de Trappes ;

2°. Que la largeur moyenne des raies ou sillons était de 0,245 (9 pouces) pour l'araire et de 0,325 (12 pouces) pour les deux autres charrues ; ce qui établit entre elles, quant à la longueur de la raie, le rapport de 3 : 4, et par conséquent 40 raies ou sillons d'araire par billon, et 30 environ de charrue de Brie ;

3°. Que la tranche du prisme de terre retourné par l'araire n'était point entièrement renversée, ou le dessus en dessous, comme avec la charrue de Brie; mais qu'elle restait dans une situation droite et légèrement inclinée sur la tranche du sillon précédent, de manière qu'une arrête du prisme restait toujours en dessus, au lieu d'offrir le renversement total du prisme, ou le *labour plat,* accoutumé dans le pays;

4°. Enfin, que la profondeur du labour étant exactement la même, le travail des deux charrues ne présentait, pour toute différence, 1°. que celle de la largeur des sillons, et 2°. dix sillons de plus et la vive arrête des tranches dans la planche de l'araire, au lieu du labour plat de la planche de la charrue composée.

En récapitulant nos observations, nous vous dirons, Messieurs, 1°. que nous avons été tous d'accord sur un point qui peut, au premier abord, paraître bien peu important par lui-même, mais qui aurait pu cependant avoir une grande influence sur le succès de nos expériences, le manque d'habitude de la conduite des chevaux, auquel nous avons unanimement attribué l'hésitation et les variations que nous avons remarquées dans la marche et dans le travail de l'araire;

2°. Que nous avons également été tous frappés de la facilité du tirage ou de la moindre résistance qu'oppose l'ouverture du sillon, par la charrue simple;

3º. Que l'aisance avec laquelle elle agissait, comparée avec la marche des deux autres charrues travaillant dans la même pièce de terre (que nous avons dit être forte et argileuse) prouve évidemment combien est fausse l'assertion que l'araire ne convient qu'aux terres légères, et qu'au contraire il convient particulièrement aux terres compactes et argileuses, ainsi que l'ont si bien démontré *Thaër* et *Pictet* dans leurs écrits, et comme le démontre plus évidemment encore journellement l'excellente culture du Brabant (1), de l'Écosse, du Piémont, etc., etc.;

4º. Que la moindre largeur des sillons, sur

---

(1) La charrue du Brabant est depuis long-temps regardée dans ce pays, où la culture est portée à un très-haut degré de perfection, comme une dès meilleures charrues qui existent. Elle diffère peu de celle de l'Écosse, de la Provence et du Piémont. Elle porte seulement à l'extrémité de la flèche, avant la bride du palonnier, un sabot en bois, qui entre dans une mortaise pratiquée dans la flèche. On baisse ou l'on élève ce sabot, selon qu'on veut donner plus ou moins d'entrure au soc de la charrue, et on l'assujettit par le moyen d'un coin. Ce sabot répond à la petite roue qui se trouve sous la flèche de quelques charrues simples, dont nous avons parlé dans notre premier rapport.

laquelle plusieurs personnes fondent leur principale objection contre l'araire, n'est point un inconvénient aussi grave qu'on le suppose, puisqu'en théorie comme en pratique, il est généralement reconnu que les petites raies sont préférables aux larges, puisqu'elles tendent à diviser et à ameublir davantage la terre;

5°. Que le reproche fait à la charrue simple de ne pas faire autant d'ouvrage *dans un temps* donné que la charrue composée, parce qu'elle ne fait pas de raies aussi larges, n'est, à proprement parler, qu'une objection spécieuse, parce qu'en fait *de culture*, comme en toute entreprise quelconque, 1°. on doit moins s'attacher à faire *beaucoup d'ouvrage*, qu'à *en faire de bon*; 2°. que le labour à petites raies, comme nous l'avons dit ci-dessus, est supérieur à celui à grandes raies; et 3°. qu'à cet égard, tout le monde sait que les labours faits à prix d'argent, à raison de tant l'hectare, sont communément ceux qui présentent les plus larges raies (parce qu'ils sont les plus tôt faits et les plus tôt expédiés); mais qu'ils sont aussi ceux qui donnent les plus mauvaises récoltes. D'ailleurs, comment n'a-t-on pas reconnu que l'araire ne donnait cette moindre largeur de raie que parce que sa construction était précisément calculée pour ne donner exactement que cette même largeur, et qu'en augmentant ses dimensions on pourrait obtenir, à volonté, des raies plus larges et semblables à celles des autres charrues; mais qu'alors aussi l'on s'écarterait du but qu'on doit se proposer, puisque le sillon de 0^m245 est suffisant pour le passage de l'homme et du cheval, et qu'en le faisant plus fort ou plus large, si l'on renverse un plus gros prisme de terre, on perd en même temps aussi, par là même raison, l'avantage d'un labour plus favorable à l'ameublissement de la terre?

6°. Que, relativement à la manière dont la terre est retournée ou renversée par l'araire, et que plusieurs personnes ont regardée comme vicieuse, lui préférant le *labour plat*, nous pensons avec M. *Mathieu de Dombasle* que, loin d'être vicieuse, cette manière est, au contraire, avantageuse; car en effet, 1°. lorsqu'on laboure un peu profondément, on ne ramène qu'en partie à la surface du sol la terre inférieure, qui est souvent nuisible lorsque la tranche est complétement retournée; 2°. après le labour, il reste sous chaque tranche des espaces vides, ayant la forme d'un prisme triangulaire, qui facilitent, d'une part, l'accès de l'air et l'action de la gelée sur la terre labourée, et d'autre part

l'infiltration des eaux, des pluies ou des neiges,
lesquelles, en traversant le sol, font tomber peu-
à-peu la terre des tranches dans ces vides, ce
qui contribue à la tenir meuble plus long-temps
encore; et 3°. lorsqu'on veut herser immédiatement après le labour, l'action de la herse est
bien plus énergique, en s'exerçant sur l'angle
que présentent les arrêtes des branches, que sur
la face aplatie du labour ordinaire;

7°. Que la faiblesse et l'insuffisance dans tel
ou tel terrain, que différens cultivateurs repro-
chent à la charrue simple, nous paraissent pro-
venir de la mauvaise construction de celles qu'ils
auront eues à leur disposition, l'araire, dans sa
simplicité, ne supportant ou ne devant avoir aucune imperfection ou mauvaise proportion, ainsi
que l'a si bien dit M. *Mathieu de Dombasle*;

8°. Enfin, que le travail de la charrue simple,
bien construite et menée par un homme expéri-
menté, pourra toujours être égal ou assimilé à
celui de nos meilleures charrues; qu'il lui sera
même supérieur dans certaines circonstances,
et qu'alors, comme vous le disait notre collègue
Yvart dans les conclusions de son rapport sur
les essais de la charrue de M. *Guillaume* dans
le département de la Haute-Vienne, le 17 mars
1819, on ne devra pas hésiter de donner la pré-

férence à l'araire, soit à raison de l'extrême facilité avec laquelle se fait son service, soit à cause du peu de fatigue des chevaux ou des bœufs qu'on y attèle, soit à cause de la plus grande division ou du plus grand ameublissement de la terre, soit enfin à raison de la modicité de son prix d'acquisition.

Conclusions et propositions.

D'après les motifs que nous venons d'exposer, et en considérant que les observations que nous avons recueillies pendant les expériences comparatives de l'araire ou charrue simple et de la charrue composée ou à avant-train, *sont généralement conformes aux principes établis* dans l'excellent mémoire qui vous a été présenté sur la *charrue considérée principalement sous le rapport de la présence ou de l'absence de l'avant-train*, et auquel nous croyons, comme nous vous l'avons proposé dans le résumé de notre rapport du 15 décembre dernier, devoir donner publiquement la dénomination de *Théorie de la charrue*, que son trop modeste auteur lui a refusée,

Nous aurons l'honneur de vous proposer, Messieurs,

1º. De décerner, en séance publique, à M. *Ma-*

thieu de Dombasle votre grande médaille d'or avec un exemplaire du *Théâtre d'agriculture d'Olivier de Serres*, édition de la Société;

2°. De le nommer correspondant de la Société, distinction dont nous sommes étonnés de ne le point voir encore investi, qu'il mérite à tous égards, et qui vous assurera un collaborateur zélé, en même temps qu'un théoricien aussi profond que praticien éclairé;

3°. De faire insérer son mémoire dans le recueil de ceux de la Société, et dans les *Annales de l'agriculture*;

Et 4°. d'en faire imprimer cinq cents exemplaires, pour être distribués et adressés à toutes les Sociétés d'agriculture du royaume et à tous vos correspondans, en les engageant à répéter comparativement nos essais, et à vous en communiquer les résultats.

Signé YVART, MOLARD, DAILLY père,
DAILLY fils,
HÉRICART DE THURY, *rapporteur*.

EXTRAIT des registres des délibérations de la Société royale et centrale d'agriculture.

Séance du 16 février 1820.

Au nom de la Commission des instrumens

aratoires, M. *Héricart de Thury* fait un rapport sur les essais comparatifs de la charrue simple et de la charrue composée, ordonnés par la Société en suite d'un premier rapport fait par la même Commission, dans la séance du 15 décembre 1819, sur un mémoire de M. *Mathieu de Dombasle*, intitulé : *De la charrue considérée principalement sous le rapport de la présence ou de l'absence de l'avant-train :*

La Société approuve les deux rapports et les conclusions de la Commission.

Elle décide en conséquence,

1°. Qu'elle décernera une grande médaille d'or, dans sa séance du 9 avril prochain, avec un exemplaire du *Théâtre d'Agriculture d'Olivier de Serres*, à M. *Mathieu de Dombasle* ;

2°. Qu'il sera porté sur la liste des candidats pour la prochaine nomination de correspondans de la Société ;

3°. Que son mémoire sera inséré dans le recueil de ceux de la Société, avec les deux rapports de la Commission ;

4°. Qu'il en sera tiré à part cinq cents exemplaires, pour être distribués et adressés à toutes les Sociétés d'Agriculture du royaume, et à tous les correspondans de la Société royale, en les engageant à répéter les essais de la Commission et à en faire connaître les résultats;

Et 5o. que MM. les Rédacteurs des *Annales de l'Agriculture française* seront invités à insérer dans leur recueil les deux rapports de la Commission.

Pour extrait conforme :

Signé Silvestre, *secrétaire perpétuel.*

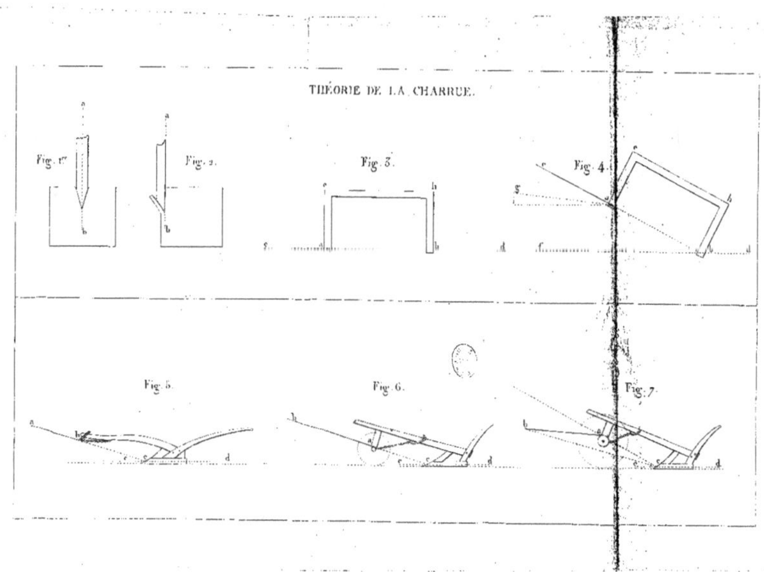

THÉORIE DE LA CHARRUE.